U0257146

中国传统海洋文明丛书·孙关龙　宋正海　刘长林　主编

中国传统海洋哲学初探

——有机论海洋观

宋正海　著

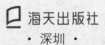
海天出版社
·深圳·

图书在版编目（CIP）数据

中国传统海洋哲学初探：有机论海洋观 / 宋正海著. — 深圳：海天出版社，2019.12
（中国传统海洋文明丛书 / 孙关龙，宋正海，刘长林主编）

ISBN 978-7-5507-2753-3

Ⅰ. ①中… Ⅱ. ①宋… Ⅲ. ①海洋—哲学史—研究—中国—古代 Ⅳ. ①P7-05

中国版本图书馆CIP数据核字（2019）第212598号

中国传统海洋哲学初探——有机论海洋观

ZHONGGUO CHUANTONG HAIYANG ZHEXUE CHUTAN——YOUJILUN HAIYANGGUAN

出 品 人	聂雄前
项目负责人	韩海彬
责任编辑	陈 嫣
责任技编	梁立新
责任校对	刘翠文
装帧设计	Smart 深圳斯迈德设计 0755-83144228

出版发行　海天出版社
地　　址　深圳市彩田南路海天大厦（518033）
网　　址　www.htph.com.cn
订购电话　0755-83460239（邮购、团购）
排版制作　深圳市斯迈德设计企划有限公司（0755-83144228）
印　　刷　深圳市新联美术印刷有限公司
开　　本　787mm×1092mm　1/16
印　　张　11
字　　数　145千
版　　次　2019年12月第1版
印　　次　2019年12月第1次
定　　价　49.00元

前　言

　　本人出生于钱塘观潮胜地——浙江海宁，尽管在北京已 60 年，但少年时代培养的对海洋的美好感情是根深蒂固的。从事科学史工作以后常向往有机会从事海洋文化史的研究，这不仅能抒发我对海洋的感情，寄托对家乡、对亲人、对少年时代的同窗好友的想念，也表达作为海宁人的一份光荣。

　　1989 年我有机会撰写《中国古代海洋学史》①一书。之后虽研究方向较那时有变动，但对传统海洋文化的研究始终没有放弃，时常发表相关的论文、文章。更欣慰的是在此基础上又完成一些专著：1992 年《中国古代重大自然灾害和异常年表总集》（内特设"海洋象"编，包括 14 个年表）②、1995 年《东方蓝色文化——中国海洋文化传统》③、2012 年《潮起潮落两千年——灿烂的中国传统潮汐文化》④、2015 年《以海为田》⑤。

　　我认为，有关中国传统海洋文化研究，我个人的任务还应该完成海洋哲学的写作。因为只有上升到哲学层次才能从本质上反映出传统海洋文化

① 宋正海、郭永芳、陈瑞平，《中国古代海洋学史》，海洋出版社，1989 年。
② 宋正海主编，《中国古代重大自然灾害和异常年表总集》，广东教育出版社，1992 年。
③ 宋正海，《东方蓝色文化——中国海洋文化传统》，广东教育出版社，1995 年。
④ 宋正海，《潮起潮落两千年——灿烂的中国传统潮汐文化》，海天出版社，2012 年。
⑤ 宋正海，《以海为田》，海天出版社，2015 年。

的特点及其深刻成因。

很幸运我争取到本书的写作任务。但是我也清楚写作此书是十分困难的，因为这不只是海洋文化知识积累问题，更不是个人感情问题，根本是我个人的哲学功底有限，而这不是短时间可以解决的。尽管以往的海洋文化工作中我对海洋哲学有兴趣也有所积累，但本书应该系统全面地论述中国传统海洋哲学，这自然是十分困难的。我也清楚本书论述一有偏差或有较大漏洞就会影响较大，很可能成为众矢之的，当然这种学界的集中关注和批评是有利于推动海洋哲学工作的，也是值得我欣慰和大胆一试的。

根据本人几十年有关中国传统海洋文化的学习和研究，以及为写本书近一年的思考，可以确信，中国古代传统海洋哲学应是有机论海洋观。

有机论海洋观根本是有机论自然观，是有关海洋问题的有机论自然观。有机论自然观认为，天地生人等自然界万物有着复杂的内在联系，每一个现象都是按照一定的等级秩序而与别的现象联系着的。有机论自然观着重研究事物的整体性和自发性，以及事物内部和事物间的协调和协同；有机论自然观不仅是本体论，也是认识论、方法论，甚至包括价值观，是多方面的统一。中国古代有机论自然观，近年在天地生、天地生人综合研究中得到充分的重视和研究。①英国的中国科学史学者李约瑟（J.Needham）曾研究指出："可以极详细地证明，中国传统哲学是一种有机论的唯物主义。历代哲学家和科学思想家的态度都可形象地说明这一点。机械论的世界观在中国思想中简直没有得到发展"②。

在中国大陆农业文明深厚土壤中培育起来的中国古代有机论自然观，

---

① 宋正海，《中国古代有机论自然观的现代科学价值的发现——从莱布尼茨、白晋到李约瑟》，《自然科学史研究》1987 年第 3 期；宋正海编，《中国古代有机论自然观与当代天地生综合研究》论文编，《天地生综合研究》，中国科学技术出版社，1989 年；宋正海、孙关龙主编，《中国传统文化与现代科学技术》，浙江教育出版社 1999 年。

② 李约瑟，《中国科学传统的贫困与成就》，《科学与哲学》1982 年第 1 期。

对传统海洋文化有着深刻的影响。中国古代海洋学中有许多成就是世界领先的，其中有不少是因为得到了有机论自然观的帮助。[①]但有机论自然观在海洋文化中并非完全是"流"，也有"源"，源就是海洋农业文化。有机论自然观在中国海洋文化中的体现不仅是丰富和多样的，并且形成较完整的系统，可称之为传统有机论海洋观。

海洋哲学应是认识的较深层次，但并不是单纯的思辨产物，更不是无中生有，其认识论基础仍是大众实践。中国传统有机论海洋观形成根本是来自千百年来沿海居民生存发展的需求，他们世代靠海、观海、吃海、用海、思海，这就涉及最大众的海洋价值观。有两种基本价值观：一种是以海为田，即大力开发的海洋农业（海洋捕捞、海产养殖、制盐、潮灌等）；另一种是以海为途，利用海洋的远距离运输大力发展海洋商业或海盗掠夺去获取远方资源。中国古代广大沿海地区由于农业条件优越，又受重农抑商的大陆农业文化的统治，不仅发展陆地农业也发展海洋农业，故建立起以海为田的内聚型的海洋价值观，以海为田的海洋价值观必然大力压制以海为途的海洋价值观，形成特有的海洋对外贸易。

发展海洋农业根本是要获取海产的高产。为了高产必须保护海洋生物的生态环境，因此必须进行天—海—生的相关性研究，整体论思考，实行四时之禁，促进海洋生物生长发展从而发展起整体论海洋科学观和综合性的方法论和区域性海洋学。

中国位于温带、暖温带、亚热带和热带，是典型的季风气候，四季分明，生物界春生、夏长、秋收、冬藏明显，海洋生物也形成明显的汛期和各种周期变化，中国海洋生态观表现出强烈的时间变化特性。这种明显的周期性发展起海洋圜道观。

海洋与陆地不同，灾害特别严重，海洋活动中船翻人亡事件经常发生。所以海洋宗教信仰在民间发展并形成明显的自然神信仰特点。

---

① 　宋正海，《有机论自然观与海洋学成就》，《中国海洋报》1991 年 10 月 9 日。

海洋之大之深影响着沿海的居民，中国传统文化中很早发展起世界海洋论。中国古代有世界大陆论和世界海洋论。与主张世界大陆论的盖天说不同，在广大沿海地区主张世界海洋论的浑天说占据重要地位。

由于大陆农业文化的稳固统治，中国传统海洋文化始终是地平观统治，海平观也因此占据统治地位。中国古代虽有发达的远航，但基本是地文导航。

也由于受大陆农业文化稳固统治，元气论和阴阳理论在海洋文化中始终占据主要地位，在潮汐成因理论、潮时推算以及海洋水产养殖中发挥重要作用。

本书宗旨是论述中国传统海洋文化是有机论海洋观，并从元气自然论、圜道观、海平观、天（海）人合一观、海洋自然神信仰、综合方法论、以海为田价值观等进行介绍。希望得到学界指正。

目录

第一章　海洋元气论

中国传统文化认为，元气是大千世界的本原，这种元气互相结合便生成万物。《周易》强调阴阳学说。八卦中，乾、坤两卦是最重要的，乾集中代表阳性的特征，坤集中代表阴性的特征，宇宙中各种事物都具有阴、阳两种性质。阴、阳两种对立的性能就是宇宙万物形成和变化的根源。

　　阴阳理论认为，世界万事万物皆由阴阳二气组成，事物间关系是"同气相求"。又认为，月亮是阴精，水为阴气，而海洋是最大水体，古代称为"巨壑""无底""天池"等，因同气相求，月亮对海洋的作用特别巨大。海洋中，无论是水还是其中生物均与月亮相互感应，因而中国古代在元气自然论基础上充分发展起月亮—海洋文化观。李约瑟（J. Needham）研究指出："中国古时的观测家们，从来没有想到月亮不能对地上的事物起作用——把月亮和大地截然分隔开来的想法是和中国人的整个自然主义有机论的世界观相违背的。"①

①　李约瑟，《中国科学技术史》，第 4 卷，科学出版社，1975 年，第 287 页。

第一节　元气自然论潮论

中国位于亚欧大陆东部，有漫长的海岸线，日夜受到太平洋强大潮流自东向西的冲击，在河口形成最壮观的潮汐现象。

潮汐本质是什么？它又是如何周期性涨落的？中国古人进行过种种猜测和解释，潮论十分活跃。清代潮汐学史家俞思谦《海潮辑说》："古今论潮汐者，不下数十家。"1978 年，中国古潮汐史料整理研究组《中国古代潮汐史料汇编》（"潮汐论著"卷）收集潮论 91 篇。中国传统潮论十分辉煌，很长时期世界领先。

现代潮汐学揭示，潮汐成因包括两个基本因素：引潮力和地球自转。尽管中国古代不知道地球自转，但通过对月亮成潮和天地结构这两个因素分别的强调，中国古代潮论就形成两大学派：元气自然论潮论和天地结构论潮论。由于元气自然论潮论强调月亮成潮，而天地结构论潮论忽略乃至否定月亮成潮，所以引发两学派长达千年的争鸣，但主张月亮成潮的元气自然论潮论始终占据正统地位。

元气自然论潮论思想可追溯到《黄帝内经·灵枢·岁露》的"月满则海水西盛""月郭空则海水东盛"。东汉王充（27—约 97）是元气自然论潮论正式创建者。王充本是元气自然论者，认为万物是由于客观存在的"气"的运动而产生的。他根据同气相求原理和《周易》中的月和水同属阴的思想，在《论衡·书虚篇》提出："涛之起也，随月盛衰"，第一次明确把潮汐成因和月球运动密切联系起来，创建了元气自然论潮论。中国古代除元气自然论潮论，还有多种潮论，尽管各有正确成分，但由于忽略了月亮的成潮作用，而始终没有发展起来。

汉代张衡创立浑天（宇宙）论。东晋葛洪（约281—341）以浑天论为基础创立天地结构论潮论。天地结构论潮论认为，在天球内部，一半是海水，一半是大气，而平的大地浮在平的海面上。由于某种原因，海水冲向大地就形成潮汐。这种用天地结构来解释潮汐成因的理论，是一种与元气自然论潮论不同的新潮论。由于对海水冲向大地的原因不确定，说法不同，天地结构论潮论又分成多个流派，主要有葛洪的三水相荡成潮说、唐代卢肇的日激水成潮说、五代丘光庭的大地沉浮成潮说。应当说葛洪、卢肇、丘光庭用天地结构关系来探索潮汐成因的方向是正确的，但抛弃了月球的成潮作用是很大错误。他们舍本逐末提出的各种成潮原因很难自圆其说，因而陷入被动，均遭到元气自然论潮论的驳斥。

葛洪提出三水激荡成潮说，《抱朴子·外佚文》："天河从西北极，分为两头，至于南极……河者天之水也。两河随天而转入地下过，而与下水相得，又与（海）水合，三水相荡，而天转排之，故激涌而成潮水。"尽管葛洪创立新的潮论，但直到唐以前，未见新旧两派潮论有争论。

唐代一行（683—727）进行大地测量后，浑天论在宇宙论中占据统治地位，天地结构论潮论迅速崛起，于是两派潮论开始了长期持续的激烈争鸣。

晚唐卢肇是葛洪之后一个突出的天地结构论潮论者。卢肇《海潮赋》："地浮于水，天在水外。天道（左）转"，"日傅于天，天右旋入海，而日随之"。炽热的太阳落到海里激发推动海水形成潮汐，于是"日出，则早潮激于右"，"日入，则晚潮激于左"。他反对"同气相求"理论，于是首先挑战元气自然论潮论，责问道："月之以海同物也。物之同能相激乎？"但是卢肇的"日激水而潮生，月离日而潮大"的理论本身有明显错误，初一明明是大潮，竟说："日月合朔之际，则潮殆微绝。"他的这种脱离验潮实践的潮论是荒唐的，于是引发了中国古代海洋学史上两大潮论的千年争鸣。

五代丘光庭著有《海潮论》。他也是天地结构论潮论者，但与卢肇的日激水成潮论又有不同。丘光庭时的浑天论已比唐代有大的改进。《海潮论》记述："气之外有天，天周于气，气周于水，水周于地，天地相将，形如鸡卵"，"周天之气皆刚，非独地上之气也。夫日月星辰，无物维持而不落者，乘刚气故也……日月星辰虽从海下而回，莫与水相涉，以斯知海下有气必矣"。于是他认为潮汐成因不在于日，而在于地。浮于海中的大地，由于内部"气"的出入而上下运动，潮汐则是伴随着大地上下而形成的海水相对运动。《海潮论》认为，《易经》《尚书》"具不言水能盈缩……则知海之潮汐不由于水，盖由于地也。地之所处于大海之中，随气出入而上下。气出则地下，气入则地上。地下则沧海之水入于江河，地上则江河之水归于沧海。入于江湖谓之潮，归于沧海谓之汐。此潮汐之大略备也"。丘光庭虽是天地结构论潮论者，但只是不同意月亮、海洋同气相求成潮理论，并不否定元气理论。他在潮论中至少有两处导入了"气"的概念，但与传统元气论不同。一是在张衡宇宙模型中，天与海不再是直接接触，而是有很厚的气相隔离的，所以不可能存在卢肇所说的日激水成潮理论，即"周天之气皆刚，非独地上之气也。夫日月星辰，无物维持而不落者，乘刚气故也"。二是他又提出有另一种气，此气可以方便出入大地，导致大地轻重变化而沉浮和海水进退成潮、落潮。显然这种气也不是能撑天、浮地、托海的"刚气"，而是能出入大地引发大地轻重变化的气。丘光庭提出的这两种气，实际上是不存在的，但一时解决了卢肇日激水理论给天地结构论潮论的严重困扰，这也说明了中国古代元气论的地位是无法动摇的，天地结构论潮论也不能彻底抛弃"气"的概念。

北宋燕肃（960—1040）在《海潮论》中强调潮汐变化和月亮在时间

上的对应关系，指出潮汐"盈于朔望"，这实际上驳斥了卢肇的"日月合朔之际，则潮殆微绝"的结论。

接着，北宋余靖在《海潮图序》中说："予尝东至海门，南至武山，旦夕候潮之进退，弦望视潮之消息。乃知卢氏之说出于胸臆，所谓盖有不知而作者也。""肇又谓：'月去日远，其潮乃大。合朔之际，潮殆微绝'。此固不知潮之准也。"

北宋沈括（1031—1095）《梦溪笔谈·补笔谈》卷二："卢肇论海潮，以谓日出没所激而成，此极无理。若因日出没，当每日有常，安得复有早晚？"

南宋朱中有在《潮颐》指出："肇未尝识潮……不知朔与望均大至也。"又指出，如日激水成潮说成立，则中午就不可能有潮，因为"正昼当午，日固丽天未尝入海，潮之大至固未自若也。……肇之不识潮审矣"。朱中有进而又批评葛洪的三水相荡成潮说，指出葛洪潮论"与卢肇之不识潮均一律耳。……所谓天河，特以形似，岂真有水。昼夜之间未尝不转。苟如其说激荡成潮，则是潮昼夜不息，何得一昼一夜间再进再退，其说疏矣"。

元末明初史伯璇也反对卢肇的日激水成潮理论。他在《管窥外篇》卷上说，"肇谓潮生因日，朔绝望大，与潮候全不相应。肇盖北方人，但闻海之有潮，而不知潮之为候，遽欲立言，其差皆不足辩。"除了用实际潮候进行驳斥外，《管窥外编》卷上针对了卢肇的天地结构论潮论的基础的旧的浑天论，而强调了浑天论已改进，新的浑天论认为，天球与海水还相隔有"几万几万里至劲极厚之气"，太阳是在极厚之气中运行，而不是直接接触海洋，故不可能激荡海水成潮。但其言天旋入海，日之所至，水不可附，不惟不知潮，亦不知天。

史伯璇又反对丘光庭的大地沉浮成潮说。《管窥外篇》卷上说："地有沉浮说，其病最大。浮沉，则动上动下无宁静时矣。吾闻天动地静矣，未闻地亦动也。意者地本不动，持论者无以为潮汐之说，故强之使劲耳。"

清代周亮工在《书影》卷九中也对地有浮沉成潮论提出反对。

清代周煌是潮汐学史家，他在《琉球国志略》卷五提到了历代主要潮论，并总结说："综是数说，应月之论为最。……可验应月之说，为不诬矣。"力挺了元气自然论潮论。

清代俞思谦也是潮汐学史家。乾隆四十六年（1781）他收集了历代有名的潮汐理论，编成《海潮辑说》一书。作为中国古代的潮汐学史著作，这本书较全面地反映了潮论的千年争鸣历程。

由于传统地球观是地平大地观，故类似引潮力因素的元气自然论潮论与类似地球自转因素的天地结构论潮论虽争鸣千年，但始终未能结合起来发展成近代潮论。

有关两派潮论争鸣的出现起自东晋葛洪《抱朴子・外佚文》创立天地结构论潮论。如假定葛洪40岁时著书立说创立新潮论，则为公元324年。传统潮论结束是与近代潮论传入中国有关，故可定为魏源《海国图志》正式出版的1843年。这样中国古代两派潮论并存长达1519年。两派潮论的实际争鸣始于卢肇《海潮赋》否定同气相求原理，从根本上批评了元气自然论潮论。卢肇（818—882）是晚唐时人，在会昌二年（842）为乡贡士。假定15岁当乡贡士，我们仍假定40岁著书立说，那争鸣的开始时间可初步定为867年写《海潮赋》时。这样两派的争鸣时间是867—1844年，共977年，仍可称千年争鸣。

第二节　潮—月同步论与精确天文历算法的潮时推算

　　由于古代流行月亮—海洋同气相求的成潮理论，更由于古人的生产和生活实践无数次证明月潮同步，所以古人坚信，"天下至信者莫如潮，生、落、盛、衰，各有时刻，故潮得以信言也"①。航海、渔业、制盐、潮灌、海战、海岸工程等海洋活动离不开潮汐，必须掌握潮汐大小、潮流时刻及其变化规律，于是潮汐表在中国古代得以充分发展。

　　潮汐表基本分两大类：理论潮汐表和实测潮汐表。理论潮汐表即天文潮汐表。天文潮汐是地球、月亮和太阳三者位置变化而形成的，因而可以用天文历算方法来计算制定出潮汐表。还由于太阳位置只影响潮汐大小，而潮汐周期是由月亮位置决定的。所以可以只用测定月球位置的较简单的天文历算方法来精确计算制定出潮汐表。

　　东汉王充虽没有留下制定潮汐表的记载，但他在《论衡·书虚篇》中提出"涛之起也，随月盛衰"的理论，明确提出了潮汐运动与月亮在天球视运动的同步关系。这就启发后人应用天文历算方法以计算月球经过上下中天的时间来确定潮时。中国古代天文历算相当精确，因此广泛应用于潮时推算，理论潮汐表达到相当精确的水平。

　　唐大历中窦叔蒙著有《海涛志》。此文依据王充的潮月同步原理，在潮候计算和理论潮汐表制定中作出多项杰出贡献。《海涛志》："月与

_____

① 吴亨泰，《答高起岩论潮书》，引自《海塘录》卷十九。

海相推，海与月相期……虽谬小准，不违大信。"这就进一步阐述了月潮同步原理。于是他用天文历算法，计算了自唐宝应二年（763）冬至，上推 79379 年的冬至之间的积日（总日数）和积涛（潮汐总次数），得到积日 28992664、积涛 56021944。两者相除，得到潮汐周期为 12 小时 25 分 14.02 秒。中国广大沿海地区是半日潮区，一天有日潮、夜潮，两次潮汐应为 24 小时 50 分 28.04 秒。这个数据为半日潮的逐日推迟数，很精确，现代为计算方便一般使用的逐日推迟数简化为 50 分。

为便于理论潮时成果的应用，窦叔蒙制作了一种可方便查阅一朔望月中各日各次潮汐时辰的涛时图，可称为《窦叔蒙涛时图》。此图已丢失，但《海涛志》有文字记载："涛时之法，图而列之。上致月朔、朏、上弦、盈、望、下弦、魄、晦。以潮汐所生，斜而络之，以为定式，循环周始，乃见其统体焉，亦其纲领也。"根据这段记载，有学者复原了《窦叔蒙涛时图》。[①]根据此图，人们可以方便地查出一朔望月中任何一天的两次高潮时辰；也可以看月相方便地知道当天高潮时辰。当然，此图也可用于反查。

宋代对潮时推算有较大贡献的是张君房和燕肃。张君房大中祥符年间（1008—1016）贬官知钱塘县（今杭州），写有《潮说》。《潮说》中篇："今循窦氏之法，以图列之，月则分宫布度，潮则著辰定刻，各为其说。行天者以十二宫为准，泛地者以一百刻为法。"张君房图亦已丢失，但据此记载也可绘制出复原图。《张君房潮时图》比《窦叔蒙涛时图》有两点进步：（1）横坐标由月相改为"分宫布度"。[②]这里的度即月亮在黄道上的度数。古代将一周天分为 365.25 度。（2）纵坐标"著辰定刻"，即除继续用时辰表示，当时将一昼夜分为 100 刻。既然纵横两个坐标均有了

① 徐瑜，《唐代潮汐学家窦叔蒙及其〈海涛志〉》，《历史研究》1978 年 6 期。

② 参见《张君房潮时图》复原图，载宋正海、郭永芳、陈瑞平，《中国古代海洋学史》，海洋出版社，1989 年，第 220 页。

较细的分划，所以张君房潮时图自然精细得多。

《潮说》中篇："凡潮一日行三刻三十六分三秒忽，差二日半行一时，一月一周辰位，与月之行度相准。"这里张君房又强调月潮同步，并进一步规定潮汐逐日推迟数约 3.363 刻。宋代百刻零点定于子时开始点，故初一日月合朔的子时中间点为 4.165 刻。有了这两个数据，我们就可以知道张君房推算一朔望月中各日各次高潮时刻方法的公式：

朔望月上半月：4.165 刻 +3.363 刻 ×（n–1）（n 为日期）

朔望月下半月：4.165 刻 +3.363 刻 ×（n–15–1）（n 为日期）

如果我们用近代计时单位，那么 3.363 刻相当于 48.39 分，近似于 0.8 小时。近代一天的时间起算不是子时开始点，而是中间点，这样计算潮时公式中也就没有 4.165 刻这一起始项。因此张君房潮时公式可近似地改写为如下形式：

上半月高潮时：0.8 ×（n–1）

下半月高潮时：0.8 ×（n–15–1）

这个公式与近代我国半日潮海区广泛使用的"八分算潮法"有着明显的关系。故有学者认为，尽管中国古代没有八分算潮法这个名称，但张君房的潮时推算法实为八分算潮法之开始。

北宋燕肃约于 1026 年在明州时撰写了《海潮论》。《海潮论》："今起月朔夜半子时，潮平于地之子位四刻一十六分半，月离于日，在地之辰，次日移三刻七十二分。对月到之位，以日临之次，潮必应之。过月望复东行，潮附日而西应之。至后朔子时四刻一十六分半，日、月潮水俱复会于子位。其小尽，则月离于日，在地之辰，次日移三刻七十三分半，对月到之位，以日临之次，潮必平矣。至后朔子时四刻一十六分半，日、月、潮水亦俱复会于子位。"这里燕肃考虑到朔望月有大尽（大月 30 天）、小尽（小月 29 天）之分。如果均用同一潮汐逐日推迟数（如张君房用 3.363 刻），那么到月末几天潮时推算就很难准确，最后一天潮时也无法与下月初一潮时相衔接。为克服这个困难，燕肃采用两个潮汐逐日推迟数：大月用 3.72 刻；小月用 3.735 刻。燕肃的潮时推算公式与张君房的在形式上差不多，但总的来说是较精确，"终不失其期也"。为此，李约瑟在谈到燕肃的潮时推算时惊讶地说："怎么会精密到如此，我们是不清楚的。"①

唐宋理论潮汐表所以达到如此精确水平，这首先与月亮和海水同气相求的元气论分不开的，但也与我国当时天文历算的精确水平是分不开的。两个潮汐周期正好等于一个太阴日。这个周期决定于地球自转、公转以及月球公转。我国殷代甲骨文就有干支记日、朔望记月、回归记年。我国历法发展很早并使用阴阳历，兼顾太阳和月亮的视运动。为了安排好农事等，殷代就有闰月。春秋时已有置闰规则，从而较精确地计算出地球和月球间运动的数量关系。唐宋历法又有很大进步。开元十五年（727）一行制定《大衍历》。此历有多方面进步，其中与潮汐计算特别密切的日食（日食必在朔）计算就十分精确。当时有人根据灵台实测校验，比较中国的《大衍历》《麟德历》和当时从印度传入的《九执历》推算日食的精确性，结果《大衍历》有七八次，《麟德历》三四次，而《九执历》只有一二次准确。

实测潮汐表及其较原始的民间潮谚语也是根据月亮位置和月相而来的。潮汐时间直接与月亮位置即半太阴日有关。潮汐大小在实际生活和生产活动中更是重要，而潮汐大小又是与月相即朔望月有关的。

实测潮汐表在明清时大发展，但多适用于小海区，一般简单实用。之前北宋至和三年（1056）吕昌明编制的实测潮汐表适用于钱塘江观潮和渡江的《浙江四时潮候图》（载《咸淳临安志》卷三十一），是详细和高水平的。元末宣昭在杭州做官，由于杭州是一郡首府所在，又靠江临海，商人聚集，船舶集中。当时正值战争，军队和信使渡钱塘江十分频繁。各种船舶往来都需要了解潮时以避钱塘江怒潮。为此宣昭四处寻求正确的潮

① 李约瑟，《中国科学技术史》，第 4 卷，科学出版社，1975 年，第 780 页。

汐表。他在《浙江潮候图说》记述："考之郡志，得四时潮候图，简明可信，故为之志而刻之于浙江亭之壁间，使凡行李之过是者，皆得而观之，以毋蹈夫触险躁进之害，亦庶乎思患而预防之意云。"[1]这郡志中所得四时潮候图，应是宋代《咸淳临安志》中的《浙江四时潮候图》[2]。浙江亭在今杭州六和塔附近江边，已无存。

---

① 宣昭《浙江潮候图说》，引自《海塘录》卷二十。
② 《浙江四时潮候图》，载《咸淳临安志》卷三十一。

第三节　古人确认海洋生物有着朔望月周期

阴阳学说认为，月亮为阴精，水为阴气，而海洋是最大水体。既然海洋是阴，那么在海洋中的生物，特别是生长于海底、活动性差、照不到阳光的蚌蛤之属自然属阴。根据同气相求原理，这些海洋生物的生长、发育是与月相变化有密切关系的。每当月望之时，螺蚌之类水生动物，生殖腺增大，肉体丰满，而月晦之时则生殖腺缩小，肉体消缩，贝壳内空虚。先秦时《吕氏春秋·精通》就指出："月也者，群阴之本也。月望，则蚌蛤实，群阴盈；月晦，则蚌蛤虚，群阴亏。"《三都赋》说："蚌蛤珠胎与月亏全。"[1]蚌蛤壳内肉质充实饱满是生殖腺的增大，生殖时期的到来，现代科学证明，古代人的观察和记载是正确的。古代有月晦时螺类肉变得干瘦的记载，如汉代《淮南子·天文训》说"月死而赢蟵脽"，《论衡·顺鼓篇》也说"月毁于天，螺蚄舀缺"。明代李时珍《本草纲目》中说："螺蚌属也，其壳旋文，其肉视月盈亏。"

古代也较多记载蛤蚌的成珠过程有着朔望月节律。晋代郭璞《蚌赞》说蚌"含珠怀孬，与月盈亏，协气相朔望"。北宋陆佃《埤雅》记载："蚌，孚乳以秋……其孕珠若怀孕然，故谓珠胎，与月盈朒。"《本草纲目》中对此也做了记载。当月望时，蛤蚌生殖腺增大，分泌物增多，有利于蚌珠的形成。

---

[1]《三都赋》，引自《太平御览》卷九四二，"蛤"。

这种太阴节律也适用于蟹类。《本草纲目》中提到蟹在繁殖季节"腹中之黄,应月盈亏"。《尔雅翼》中亦说蟹"腹中虚实,亦应月"。明代方以智则把月亮的影响扩展到龟,其《物理小识》指出"龟与月同盛衰"。

　　在古人看来,这种太阴节律并不只限于海底不活动的介壳类动物,还包括能游动的鱼类。《淮南子·天文训》:"介鳞者蛰伏之类也,故属于阴……月者阴之宗也,是以月虚而鱼脑减……"至此可知,古人认为,整个鳞介类与月亮有着密不可分的联系已不言而喻。故《淮南子·墬形训》说:"蛤蟹珠龟与月盛衰。"《物理小识》指出:"水族之物,皆望盈晦缩。"这明确将太阴日节律推广到整个水族。

　　古代有将这一规律应用于海洋水产养殖中,例如,用于"养珠"。《广东新语》卷十五:"养珠者以大蚌浸水盆中,而以蚌质车作圆珠,俟大蚌口开而投之,频易清水,乘夜置月中,大蚌采玩月华,数月即成真珠,是为养珠。"

　　我们知道,生物的觅食、生长、繁殖有多种节律性,其中以某种节律为主,要看其生活习性和生长环境而定。中国古人将朔望月节律推广到所有水族,这值得现代海洋水产养殖验证并深入研究。

第四节　广泛记录海滩生物的半太阴日周期

海滩是个特殊的生态环境，这里因周期性的潮汐运动而有着激剧的变化。上潮时成为水的世界，没有空气；退潮后露出海面成为陆的世界，有空气。这种激剧的生态环境变化对海滩动物是个严峻的考验，因而海滩生物有着特殊生态习性，如应潮、倚望、作丸、跳跃、穿孔、蛎房开合等。这些明显的生物钟现象，其周期与潮汐同步，而最根本的也是与月亮运动相关的。我国极大部分海区是半（太阴）日潮区，所以沿海地区人们对此周期有深刻的认识。

赶海自原始社会开始便是一种重要的生产活动。至今在漫长的海岸带留下"贝丘"遗存。赶海历代发展至今不衰，但近代已成为一种休闲活动。沿海人们对潮间带环境及其生物生态的半太阴日的周期变化是司空见惯的。古书中有关潮间带的生物生态异常周期现象的记载是普遍的。

最早记载较多蟹类的著作首推三国的《临海水土异物志》。它分类命名和描述了8种蟹，其中记载的"招潮"海滩小蟹是明显与潮汐周期有关的。"招潮：……壳白，依潮长。背坎外向举螯，不失常期，俗言招潮水也。"[1]"数丸"也是一种海滩小蟹，也有着明显的半太阴日周期。《酉阳杂俎·鳞介篇》卷十七："数丸，形如蟛蜞，竞取土各作丸。丸满三百而潮至。"

---

[1]　引自《临海水土异物志辑校》，第39~42页。

固定于岩石海滩上的蚝（牡蛎）也有明显的半太阴日周期。《岭表录异》卷下："每潮来，诸蚝皆开房，见人即合之。"

不仅海滩生物，而且古书中大量记载有所谓"潮鸡"，每当潮来时即啼，显然也是与月亮有关。古籍较多记载海岛上有一种能应潮的鸡。《临海异物志》："石鸡，清响以应潮。"①晋代孙绰《望海赋》、南北朝梁时萧绎《梁元帝集·泛芜湖》等古籍也均有记载。这种应潮的鸡在海中岛上，"每潮水将至，辄群鸣，相应若家鸡之向晨也"。这种应潮的鸡古代称"潮鸡""伺潮鸡""报潮鸡"等。

中国古代还多处记载已不是活体的鱼兽之皮也有半太阴日周期。三国吴陆玑（261—303）的《毛诗草木鸟兽虫鱼疏》卷下《象弭鱼服》中提到一种鱼兽（海兽）之皮，干之经年，每天阴及潮来，则毛皆起。若天晴及潮还，则毛伏如故。晋张华（232—300）《博物志》也说："东海中有牛鱼，其鱼形如牛，剥其皮悬之，潮水至则毛起，潮去则复也。"②对此类现象，五代时潮汐学家丘光庭认为已是公认的，因而专门用来论证他的大地沉浮成潮说。他在《海潮论》中说："鱼兽之毛起伏者，非识天之阴晴及潮之来去，盖自应气之出入耳。毛起者，气出也，气出则地下而潮来。毛伏者，气入也，气入则地上而潮落。鱼兽之毛，一昼一夜，两起两伏，足以验真气之两辟两翕矣。"③

海牛皮毛的半太阴日周期的应潮现象古书有较多记载，因而不能轻易否定，更不能认定是古人编造的。对于这类现象，现代的科学工作者似不了解，更未认真去检验过。

---

① 引自《太平御览》卷六十八。

② 引自《太平御览》卷六十八《地部·潮水》。

③ 引自《海潮辑说》卷上。

第二章　海洋圍道

天有日、月、五星轮转，地有春生、夏长、秋收、冬藏四时韵律，人有生老病死，社会有朝代更替。对大量周而复始的自然和社会现象的观察和深思，必然发展形成圜道观。"圜道即循环之道。圜道观认为宇宙和万物永恒地循着周而复始的环周运动，一切自然现象和社会人事的发生、发展、消亡，都在环周运动中进行。圜道观是中国传统文化最根本的观念之一。"①圜道观形成整体观念和方法，着重从功能动态上来观察世界。

　　中国古代圜道观念所以发达，与中国传统文化中两方面的结合有关：一方面是认为万物在不断发展变化中，另一方面又是平衡的思想。两者结合自然产生出不断循环，以解决总体的动态平衡。

　　中国传统思维方式中的循环思想是很古老的思维方式，《周易》最早阐述了循环论。其中 64 卦的设置就是对宇宙和万物的运动范式。《吕氏春秋·圜道》将《周易》中阐述的循环论概括为圜道观，并对天体的运动、天气的寒来暑往、水体的消长、生物的收藏、社会政令运作等循环往复作了全面系统的阐述。此后圜道观成为影响深远的传统思维方式。

　　圜道观在中国传统海洋文化中也得到特别发展，并集中表现在以下三大方面。

---

① 刘长林，《中国系统思维》，中国社会科学出版社，1990 年，第 14 页。

第一节　水、气、生物的周期性运动

一、半太阴日周期

半太阴日周期是月亮在观察所在地上、下中天间作圆周运动的周期。这是由于地球自转和月亮公转合成的周期现象。它直接反映在海洋潮汐上。

我国极大部分海区是半（太阴）日潮区，沿海地区人们对此周期有深刻的认识。东汉王充明确提出了"涛之起也，随月盛衰"的潮—月同步原理。这导致唐代窦叔蒙及其后多位唐宋潮汐学家借用中国当时先进的天文历算方法，通过计算月球在上、下中天间的运动周期精确计算了潮汐周期，并制订了天文潮汐表。于是中国古代在理论方面，已精确地掌握了潮汐的半太阴日周期。值得强调的是，在中国古代，不仅崇尚月亮文化的元气自然论潮论熟悉半太阴日周期，就是崇尚浑天论的天地结构论潮论也是熟悉并尊重半太阴日周期的。

至于潮候的经验或实测方面，了解半太阴日周期就更广泛或应该更早。由于潮汐作用，海滩潮间带形成了以半太阴日为周期的水陆交替生态环境，发育起形形色色的以半太阴日为周期的海滩生物群落。详见第一章第四节。

二、太阳日周期

太阳东升西落，形成太阳日周期。日出而作，日落而息，这是人们基本生活的周期，也是人们从事海洋活动的周期。

对于日月星辰的这种在天球上的太阳日周期运动，古代宇宙论早有解释。东汉张衡创立浑天说。其后，浑天说在中国古代长期占据统治地位，在中国古代海洋文化中也长期占统治地位。东晋葛洪、唐代卢肇开创了天地结构论潮论，用浑天说解释潮汐成因。卢肇十分推颂浑天论用于潮论中的权威地位。他在《海潮赋》中说："浑天之法著，阴阳之运不差；阴阳之运不差，万物之理皆得；万物之理皆得，其海潮之出入，欲不尽著，将安适乎！"①尽管卢肇的潮汐理论有错误，但他强调是太阳而不是月亮的成潮作用，并在《海潮赋》中指出的"日出，则早潮激于右"，"日入，则晚潮激于左"，则是描述潮汐的"太阳日周期"。

三、太阴日周期

太阴日周期在中国古代海洋文化中也值得引起注意，主要是全日潮区，如对北部湾全日潮的认识和记载。北宋燕肃专门研究过合浦郡的潮候，是了解太阴日周期的。南宋周去非在《岭外代答》中则明确指出：钦州、廉州"日止一潮"，也实指太阴日周期的。

四、朔望月周期

朔望月周期是海洋文化中的最重要周期，在古代主要反映在潮汐时辰推移和大小变化的朔望月周期。唐代窦叔蒙《海涛志》指出："一朔一望，载盈载虚。"②可见已发现一朔望月内有两次大潮两次小潮。

---

① 卢肇，《海潮赋》，《中国古代潮汐论著选译》，科学出版社，1980 年。
② 窦叔蒙，《海涛志》，《海潮辑说》。

但在月亮对海洋生物生长、发育产生影响的朔望月周期方面，中国古代早有认识、记载并且有总结性的论述，如《吕氏春秋·精通》："月也者，群阴之本也。月望则蚌蛤实，群阴盈；月晦则蚌蛤虚，群阴亏。"《淮南子·墬形训》："蛤蟹珠龟与月盛衰。"《物理小识》卷二更有"水族之物，皆望盈晦缩"的结论。

五、回归年周期

回归年周期是太阳直射在南北回归线间摆动的周期。由于中国大部分地处中纬度，又是季风区，四季分明，形成春生、夏长、秋收、冬藏的四时韵律变化。这一周期在以海为田的中国传统海洋农业文化中也是十分明显的。

许多海洋生物有回游习性，有渔汛期，这是重要的海洋物候现象，这是回归年周期。如果说陆地物候知识的发展是农业的需要所推动，那么海洋物候知识的发展是渔业的需要所推动。长期的海产捕捞活动不仅发现了许多海洋动物的回游性，而且也充分地利用此回游性形成的汛期集中捕捞，达到水产丰收。

不同海洋动物回游时间不同，如《兴化府志》："龟产于海，种类不一，各应时而至。"[1]明清之际胡世安《异鱼图赞补·闰集·鳁鱼》记载：鳁鱼"五六月间多结阵而来，多者一网可售数百金"。《本草纲目》卷四十四记载：石首鱼"每岁四月来自海洋，绵亘数里，其声如雷"。

古代渔民还清楚地掌握某些海产的回游路线，从而进行有效捕捞。清代郭柏苍《海错百一录》卷一：乌鱼"冬至前后盛出，由鹿仔港始。次及安平大港，后至琅峤海跤，放子于石罅，仍引子归原港"。古代还记载鲸鱼的回游性。宋代李石（1108—? ）《续博物志》卷二记载："鲸鱼……常以五月六月就岸生子，七月八月导从其子还大海中。"

---

[1] 弘治《兴化府志·货殖志》。

古代不仅掌握海洋水产的回归年周期，而且还掌握了河豚等水产的生理、生化变化也有回归年周期。南宋时胡仔《苕溪渔隐丛话》卷三十一："今浙人食河豚于上元前，江阴最先得。方出时，一尾值千钱，然不多得……二月后，日益多，一尾才百钱耳。柳絮时人已不得食，谓鱼斑子。"清代屈大均《广东新语》卷二十三记载："凡河豚以三月从咸海入者可食，以冬十一、二月从淡江出者不可食。"明代屠本畯《闽中海错疏》卷上"鲟"记载：鲟"冬深脂膏满腹，至春渐瘦无味"。

古代对回归年周期的认识不局限于海洋生物，还充分表现在对诸如海洋气象等的认识上。中国沿海地区和近海，一年有着不同风信。因而古代有着丰富的风信知识。[1]古代早已形成季风概念，并充分发展季风航海。[2]还为了航海中避免遇到风暴，又确定了一回归年中的风期，如《顺风相送》中的"逐月恶风法"，《东西洋考》卷九中的"逐月定日恶风"。还明确了一年中风暴频数大的飓日（或暴日），如《香祖笔记》卷二和乾隆《台湾府志》卷十三《风俗·风信》中的飓日表。[3]

海市出现的回归年周期也早有记载。《香祖笔记》卷八记载，登州海市通常发生于"春夏之交"或说"见于四五月"，而广州海市则"见以正月初旬三日"。

六、60年周期

"六十年一甲子"是中国传统文化中十分重要的周期。自然界是否存在60年周期的研究在近年有大的发展。如高建国、陈玉琼的《天象、

---

[1] 李广申，《我国古代候风方法和关于风信的知识》，《新乡师范学院、河南化工学院联合学报》，创刊号（1960年）。

[2] 真海松，《舶趋风：北风航海南风回》，《大众日报》，2013年6月1日（5）。

[3] 参见《清代台湾海峡飓日表》，载《中国古代海洋学史》，海洋出版社，1989年，第162页。

气象和地象中的六十年左右周期现象》(《第三次全国天文地球动力学文集》，1982 年)；"天地生人学术讲座"第 19 讲《自然界存在着 60 年（准）周期吗？——古老的甲子纪年是否有更深的内涵》(1991 年 11 月 22 日，北京)。海洋文化中 60 年周期也常有记载，如有关风暴潮的周期。清代丁虞在《甲寅海溢记》中曾说："闻父老言，洪潮之灾六十年一大劫，三十年一小劫。"[1]

---

[1] 《甲寅海溢记》，载民国《台州府志》卷一三六。

第二节　水的海陆大循环

百川归海是先秦时人们已形成的一个基本认识；而海平面始终稳定，不论大旱或大水，海平面没有明显的变化。这也是先秦时就形成的一个基本认识。屈原（约前340—前278）在其《天问》中就提出："东流不溢，孰知其故？"①面对这些现象，人们很自然想到百川归海后，海洋之水必有损失的途径，古人将猜想的海水外流的地方用"尾闾""沃焦""归虚""落际"来命名。

同时古人也看到天上不断下雨，其水必有来源。在平衡观和物极必反观念的影响下，早在先秦人们就把海洋损水和天上降水这两件有关水的运动和动态平衡现象联系起来进行解释，提出了水的海陆大循环理论。为了完善这个理论，又引入了"天气""地气"概念和相互作用机制。《管子·度地》提出："天气下，地气上，万物交通。"《范子计然》提出："天气下，地气上，阴阳交通，万物成矣。"②《吕氏春秋·圜道》进而明确提出了水分海陆循环的机制，"水泉东流，日夜不休。上不竭，下不满，小为大，重为轻，圜道也"。

宋代王逵《蠡海集·地理类》对水分海陆循环机制作了较详细的阐述："气因卑而就高，水从高而趋下。水出于高原，气之化也。水归于川

————

① 屈原《天问》，《楚辞集注》卷三。

② 《范子计然》，《太平御览》卷十引。

泽，气之钟也。以是可见夫阴阳原始反终之，义焉。盖气之始，自极卑劣而至于极高，充塞乎六虚，莫不因卑而就高也。水之始，自极高至于极卑，泛滥乎四海，莫不从高而趋下也。"

明代郎瑛（1487—1566）《七修类稿》卷一也有较明确的阐述："气自卑而升上。水出于山，气之化也。水自高而趋下，入于大海，水归本也，盖水、气一也。气为水之本，水为气之化，气钟而水息矣，水流而气消矣。盈天地间万物，由气以形成，由水以需养。一化一归，一息一消，天地之道耳。"

明末清初游艺《天经或问·地》进一步用类似热力学原理来阐述海陆循环："日为火主，照及下土，以吸动地上之热气。热气炎上，而水土之气随之，是水受阳嘘，渐近冷际，则飘扬飞腾，结而成云……冷湿之气，在云中旋转，相荡相薄，则旋为浅白螺髻，势将变化而万雨生焉。雨既成质，必复于地，譬如蒸水，因热上升，腾腾作气云之象也。上及于盖，盖是冷际，就化为水，便复下坠，云之行雨，即此类也。"

第三节　沧海桑田

中国传统文化中，变易的观念根深蒂固，在对海陆关系的认识上突出表现在"沧海桑田"概念上。

海陆可变迁、高下可易位的地表形态可变思想在中国是源远流长的。古代有"精卫填海"的神话故事。《山海经·北次三经》记载：上古时炎帝有个女儿，名叫女娃。"女娃游于东海，溺而不返。"她被溺后化作神鸟，"名曰精卫"。精卫为了东海不再溺人，"常衔西山之木石，以堙于东海"。这个饶有趣味的神话表明，早在上古时已经有了要填东海成陆的幻想，标志着海陆变迁思想的萌芽。

《淮南子》也以神话故事形式记载了海陆变迁的思想。《淮南子·天文训》说："天柱折，地维绝，天倾西北，故日月星辰移焉；地不满东南，故水潦尘埃归焉。"这里猜想了大地发生过西北高而倾向东南的大规模的地壳变动，并且指出了这种变动又导致河水搬运泥沙流向东南海洋沉积。此外，"地不满东南"指东南原有陆地下沉到海平面之下，而后又"水潦尘埃"归积到这里，暗示这里又会成陆。因此，它隐含着宝贵的海陆变迁思想。此后，我国更以"沧海桑田"这一生动词汇来表达海陆变迁。

关于自然力形成的海陆变迁很早就有认识，《周易·谦卦·象辞》有"地道变盈而流谦"的说法，深刻地指出了山与河、高与下可以转化的地表变化规律。《诗经·小雅·十月之交》有"烨烨震电，不宁不令；百川沸腾,山冢崒崩;高岸为谷,深谷为陵"的话,记录了公元前776年(周幽王六年)一次由于大暴雨(也有学者认为是地震)引起的山崩、山洪暴发的地表激烈变化现象。

约190年汉代徐岳《数术记遗》已提到沧海变"桑田"一事,记载:"未知刹那之赊促,安知麻姑之桑田?不辨积微之为量,讵晓百亿于大千?"[1]意思是不知道瞬间有多长的人,怎么会懂得麻姑所说沧海变成桑田经历时间之长呢?这表明,当时人们已熟知有关麻姑谈及海陆变迁的神话传说,并指出,大范围的海陆变迁要经历漫长岁月才能显现出来。这种假借神仙麻姑之口,述说对这种漫长的海陆变迁的认识,在晋代有了更详细的记载。东晋葛洪《神仙传》明确提出"沧海桑田"这一术语,讲述了麻姑与王方平(远)的对话,其中讲到"东海已三为桑田"的传说。《神仙传》记述"麻姑谓王方平曰:'自接待以来,见东海三为桑田。向到蓬莱,水乃浅于往昔略半也。岂复将为陵陆乎?'方平乃曰:'东海行复扬尘耳。'"这个神话故事表达的中心意思就是,东海这个地方过去曾经发生过海陆变迁,现在东海正在变浅,将来又会变为尘土飞扬的陆地。这里所称的东海,是泛指我国东部海域。从春秋时期以后到晋代,我们的祖先在东部沿海的活动远比以前活跃。他们对于黄河和长江三角洲向海洋伸展和近海沙洲的出现以及它们的变化,比以前有了较多的认识。所以,反映在这个神话中的海陆变迁思想,内容也比以前多了,表述了海陆变迁的反复性。

唐代江西抚州南城县山上发现有螺蚌壳化石,因而人们更相信《神仙传》中所记的东海三为桑田之说。大历六年(771),书法家颜真卿(708—784)任抚州刺史时特地撰写了《抚州南城县麻姑山仙坛记》一文,说道:"南城县有麻姑山,顶有古坛……东北有石崇观,高石中犹有螺蚌壳,或以为桑田所变。"[2]用沧海桑田解释山上岩层中为什么有水生的

---

① 《数术记遗》(《槐庐丛书》)。

② 《抚州南城县麻姑山仙坛记》,《颜鲁公文集》卷十三。

螺蚌壳，又以螺蚌壳出现在高山上反证海陆可以变迁的事实。

在唐代，"沧海桑田"思想已深入人心。如史学家刘知幾（661—721）《史通·书志篇》提到"海田可变"。诗人储光羲（约707—约762）《献八舅东归》诗提到"沧海成桑田"。诗人李贺（790—816）《古悠悠行》提到"海沙变成石"。诗人李程的《赠毛仙翁》诗也说："他日更来人世看，又应东海变桑田。"白居易（772—846）通过对海滨情况的实际观察，写了一首表达沧海桑田思想的《浪淘沙》："白浪茫茫与海连，平沙浩浩四无边。朝来暮去淘不住，遂令东海变桑田。"这寥寥几句，反映了他对沧海变桑田过程的认识。

宋代沈括《梦溪笔谈》卷二十四："予奉使河北，遵太行而北，山崖之间，往往衔螺蚌壳及石子如鸟卵者，横亘石壁如带。此乃昔之海滨，今东距海已近千里。所谓大陆者，皆浊泥所湮耳。尧殛鲧于羽山，旧说在东海中，今乃在平陆。凡大河、漳水、滹沱、涿水、桑干之类，悉是浊流。今关、陕以西，水平地中，不减百尺，其泥岁东流，皆为大陆之上，此理必然。"沈括首先根据高山石壁中存在螺蚌壳以及海滨常见的磨圆度好的卵石，来论证高山原为古代的滨海，并提出华北平原皆为泥沙沉积而成。他又利用黄河及华北平原的几条大河泥沙量极高，黄土高原水土流失特别严重等事实，进一步推论华北平原是沉积平原。该卷还谈到浙江雁荡山的成因，从而又强调了侵蚀作用。总之，沈括正是用自然界客观存在的侵蚀、搬运和沉积作用来说明沧海桑田所以存在的道理。尽管沈括只谈到地质变化的外营力，未涉及内营力，但此理论在当时世界上已是十分先进的了。为此，英国李约瑟对此有高度评价："沈括早在11世纪就已经充分认识到詹姆斯·郝屯在1802年所叙述并成为现代地质学基础的一些概念了。"[①]郝屯（J.Hutton，1726—1797）是近代英国地质学家，他最早提出地质均变论和将今论古法。

---

① 李约瑟，《中国科学技术史》，第5卷，科学出版社，1976年，283页。

宋代苏轼（1037—1101），也谈到沧海桑田的周期，在《三老语》中说："尝有三老人相遇，或问之年。一人曰：'吾年不可记，但忆少年时与盘古有旧。'一人曰：'海水变桑田时，吾辄下一筹，尔来吾筹已满十间屋。'"[1]李约瑟书中也提到，"明代的曾应祥、黄汝亨、熊人霖和清代的谢兆中等人的文章……都表达了关于地质学上这种水陆互变的观点。"[2]

南宋朱熹（1130—1200）《朱子全书》卷四十九对沧海桑田也有论述，还指出："尝见高山有螺蚌壳，或生石中。此石即旧日之土，螺蚌即水中之物。下者却变而为高，柔者却变而为刚。"由此可见朱熹在化石成因和岩层固结上的论述，显然比沈括明确，从而更好地阐述沧海桑田成因的机制。为此李约瑟又评述："正如葛利普（A.W.Grabau，1870—1946）所指出，这段话在地质学上的主要意义在于朱熹当时就已经认识到，自从生物的甲壳被埋入海底软泥当中的那一天以来，海底已经逐渐升起而变为高山了。但是直到三个世纪以后，亦即一直到达·芬奇的时代，欧洲人还仍然认为，在亚平宁山脉发现甲壳的事实是说明海洋曾一度达到这个水平线。"[3]

"沧海桑田"在人文国学中逐渐成为成语，比喻世事变迁很大。如，明末程登吉《幼学琼林·地舆》："沧海桑田，谓世事之多变；河清海晏，兆天下之升平。"

---

[1]《东坡志林》卷二。

[2] 李约瑟，《中国科学技术史》，第5卷，科学出版社，1976年，第273页。

[3] 李约瑟，《中国科学技术史》，第5卷，科学出版社，1976年，266～268页。

第三章　整体论海洋科学观

中国学术界长期受还原论科学统治，一家独大，科技史研究似无太大的例外。因此，尽管中国古代客观存在的科学体系是整体发展的，传统科学观也是整体观，但当前对中国古代传统科学史研究的模式却是分门别类的还原论模式。由此可见，这样的方法是无法反映传统整体观的。本人的《中国古代海洋学史》就是还原论科学史研究的一个典型，书内分编（章）是严格按自然要素划分的：《海洋地貌》《海洋气象》《海洋水文》《海洋生物》。可见也是无法反映天（宇宙）—地（地球）—生（生物）—人（人类社会）相互关系的整体论海洋观的。

　　本章定名为"整体论海洋科学观"就是力图改变《中国古代海洋学史》中分析性的写法，而采用综合性写法，以便突出整体论海洋观。

第一节　动态平衡观

中国传统科学观强调事物在不断变化之中，但又看到世界基本秩序并没有因此而失控、失调，因而产生了动态平衡观，即事物变化均有着"度"，有着总体的平衡。这在整体论的海洋科学观中表现也很普遍。

一、生态平衡观

中国传统农业文明，为了达到农业的持续高产，早就知道要保护资源、保护生存环境。四时之禁逐渐成为国策。沿海地区重视海洋资源开发，以海为田，因而特别强调保护鱼盐之利，发展起动态的海洋生态平衡观。

原始时代，人们在长期生产实践中已积累一些动植物繁殖生长的知识，并且也逐渐了解到要持续获得生物资源较大的收获量，必须保护幼小的草木或鸟兽虫鱼。传说夏禹治国，有"禹禁"，就是"春三月，山林不登斧，以成草木之长；夏三月，川泽不入网罟，以成鱼鳖之长……"[①]。夏三月相当于阳历四月、五月，古人认为这是鱼鳖繁殖生长的季节，要实行渔禁。四时之禁被历世尊为"古训"而遵循。许多先秦古籍，如《左传》《管子》《国语》《礼记》《孟子》《荀子》《吕氏春秋》都有保护山林川泽，以时禁发的思想和政策，其中也含有保护海洋生物资源的。《吕氏春

---

① 张震东、杨金森，《中国海洋渔业简史》，海洋出版社，1985 年，第 29 页。

秋·上农》：“制四时之禁。山不敢伐材下木，泽人不敢灰僇，缪网置罜不敢出于门，罛罟不敢入于渊，泽非舟虞不敢缘名，为害其时也。”就是说一定要参行春夏秋冬四时的禁令，不准砍伐山中树木，不准在泽中割草、烧草、烧灰，不准用网具捕捉鸟兽，不准用网捕鱼；除了舟虞，任何人不得在泽中捕鱼，不然就有害于生物的繁育。《国语·鲁语》记载了一个很有意义的故事：一次鲁宣公在水边捕鱼，里革见到后，认为大王自己违背了保护生物、以时禁发的“古之训也”，便把大王的渔网撕破，并且对宣公讲了一番保护生物资源的知识。鲁宣公终于承认了自己违禁捕鱼的错误。春秋战国时，齐国成为“海王之国”而大力开发鱼盐之利，所以特别强调海洋生物资源的保护。《管子·八观篇》：“江海虽广，池泽虽博，鱼鳖虽多，网罟必有正，船网不可一财而成也。非私草木爱鱼鳖也，恶废民于生谷也。”这里强调，江海虽广，但生物资源毕竟有限，所以必须进行保护，渔网网眼大小应有限制，这样做是为了合理地开发海洋生物资源，达到持续高产的目的。先秦关于要限制渔网网眼大小的问题，不仅《管子》提出，在《国语》《孟子》中均提出过，可见当时有不少政治家强调保护水产资源的基本思想和政策。

自秦汉开始，四时禁发规定的发展曲折而缓慢。但也时有人呼吁，如明代宋应星（1587—？）就呼吁采珠不能过度，应保护珠源。他在《天工开物·珍宝》中指出：“凡珠生止有此数，采取太频，则其生不继。经数十年不采，则蚌乃安其身，繁其子孙而广孕宝质。”当时也还有其他人专门上书，劝明廷节制采珠；但根本不起作用。

二、沧海桑田的功态平衡观

沧海桑田思想的发展较集中反映出中国传统海洋哲学中的动态平衡观对巨大时空运动的较高认识水平。

中国古代沧海桑田思想内容丰富，详见本书第二章第三节。

三、台风为四方风

晋代沈怀远《南越志》："熙安间多飓风。飓者，其四方之风也，一曰惧风，言怖惧也，常以六七月兴。未至时，三日鸡犬为之不鸣，大者或至七日，小者一二日，外国以为黑风。"[1]这一记载，说明在晋时已知台风行进中风向不断改变，为旋转风。正由于是旋转风，台风本身形成了动态平衡。这段记载，也说明古人已意识到台风本身有着某种动态平衡。

四、感潮河段水文特征

中国古代对海水咸重、沉悍有深刻的感受，张衡创立的浑天论就是假设沉重的大地浮在大瀛海之上的。唐代卢肇《海潮赋》又提出"载物者以积卤负其大……华夷虽广，卤承之而不知其然也"的理论，并发展了天地结构论潮论。明代郭濯《宁邑海潮论》："江涛淡轻而剽疾，海潮咸重而沉悍"，进一步指出海水、河水不仅化学性不同，而且物理性也不同。

古人很清楚，由于"海水咸重而沉悍"，"江涛淡轻而剽疾"，那么在出海河流的感潮河段，海水和河水相交之处，自然不会轻易融合。海水咸重，上潮时进入江河的海水必然在河床下层沿河底推进，形成一个由下游向上游水量逐渐减少的咸水楔形层。这样上层仍主要为"淡轻剽疾"的河水，可资灌溉。明代崔嘉祥《崔鸣吾纪事》记载当时耕种潮田的老人，对潮灌原理的精辟阐述："咸水非能稔苗也，人稔之也……夫水之性，咸者每重浊而下沉，淡者每轻清而上浮。得雨则咸者凝而下，荡舟则咸者溷而上。吾每乘微雨之后，辄车水以助天泽不足……水与雨相济而濡，故尝淡而不咸，而苗亦尝润而独稔。"清嘉庆《直隶太仓州志·水利》："自州境至崇明海水清驶，盖上承西来诸水奔腾宣泄，名虽为海，而实江水，故味淡不可以煮盐，而可以灌田。"由此可见，至迟在明代，进行潮灌的农民

---

① 《南越志》，《太平御览》卷九引。

均知道，河口感潮河段上潮时，咸重的海水只是在河床下层向上游推进形成楔形层。

清康熙《松江府志》卷三："凡内水出海，其水力所及或至千里，或至几百里，犹淡水也。"这又指出在河流入海后形成远距离的淡水舌。由此可见，感潮河段下层的海水楔形层形成原理（见图3-1左）与河流出海后海水上层的淡水舌形成原理（见图3-1右）是一致的，现象是连续整体的。

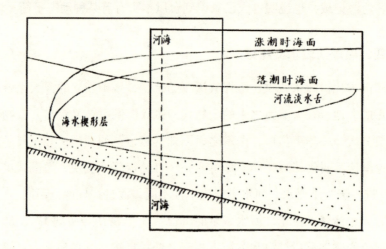

图3-1　（左）感潮河段下层的海水楔形层原理示意图
　　　　（右）海洋上层的河流淡水舌形成原理示意图

近代欧洲，关于感潮河流淡水和海洋咸水相交汇的情况的研究，以及感潮河段海水楔形层的发现，都是很晚的。19世纪初，苏格兰的弗莱明（J.Fleming，1785—1857）经长期观察泰湾的河流中感潮河段潮汐运动情况，发现了这种现象，写出了《河流淡水与海洋咸水交界处的观测》论文。由此可见，中国在这方面认识显然早于西方。

五、潮闸综合设计

古代不少入海河口建立了潮闸。潮闸的位置和建筑必须综合设计才能发挥多种好处。清光绪《常昭合志稿》卷九总结："置闸而又近外，则有五利焉……潮上则闭，潮退即启，外水无自以入，里水日得以出，一利也……泥沙不淤闸内……二利也……水有泄而无入，闸内之地尽获稼穑之利，三利也；置闸必近外……闸外之浦澄沙淤积，岁事浚治，地里不远，易为工力，四利也；港浦既已深阔……则泛海浮江货船、木筏，或遇风作，得以入口住泊，或欲住卖得以归市出卸，官司可以闸为限，拘收税课，五利也。"

第二节　天—海—生相关

一、潮汐的月亮成因理论

古代认为，月亮是阴精，水为阴气，根据同气相求，所以中国古代的潮汐成因理论十分重视月亮的作用。这与近代潮汐理论有关潮汐成因中月亮对海水的万有引力作用的原理是相似的，但中国的潮汐的月亮成因理论远比西方早得多。

二、海市成因气映说

关于海市蜃楼的成因，《史记·天官书》，宋代沈括、苏东坡早已明确指出海市蜃楼只是幻景而已，这就引导后人用大气本身的变化及其引起的光象来解释海市蜃楼成因。明代郎瑛在《七修类稿》卷四十一中提出天地间由于地气不散，上下不同气氤氲交密形成蜃象。他指出上下空气层密度差异的原因，这是正确的。明代陈霆在《两山墨谈》卷十一中进而指出上层是热的日光中浮动的尘埃，下层是潮湿的地气，彼此作用变幻形成蜃景。1664 年方以智《物理小识·海市山市》转引张瑶星的论述："登州镇城署后太平楼，其下即海也。楼前对数岛，海市之起，必由于此。"这里说的数岛即庙岛群岛。由此可见张、方二人已发现海市蜃楼既非仙山琼阁，又非蜃气所致，而是现实的岛屿城镇景象在大气不均匀层中的反映而已。清初揭暄、游艺进一步阐述了方以智的观点。揭暄注《物理小识》时，阐述了自己的观点并明确提出海市蜃楼形成的气映说。他们在《天经或问后集》中，还专门画了个"山城海市蜃气楼台图"。此图以及图中注记，可认为是中国古代对苏东坡、沈括、郎瑛、陈霆、张瑶星、方以智、揭暄、游艺等人所形成的气映理论的总结。

1853年（清咸丰三年）英国传教士艾约瑟（J.Edkins，1823—1905）和张福禧（？—1862）合译《光论》一书。此书系统地介绍了近代西方光学知识。该书在介绍了折射后，又详细地描述了海市蜃楼。由此可见，《天经或问后集》对海市蜃楼成因的认识已接近近代世界光学水平。

三、海洋风暴和潮灾的综合预报

海洋占候（天气预报）是航海安全十分重要的环节。古代没有天气预报台网，水手渔民本身都是勤奋而高明的气象观测预报员。他们"浮家泛宅。弱冠之年即扬历洪波巨浸中。故其于云气氛祲，礁脉沙线，凡所谓仰观、俯察之道，时时地地研究，不遗余力"。[①]

殷商甲骨卜辞中，有关风雨、阴晴、霾雪、虹霞等天气状况的字相当多，故《甲骨文合集》中"气象"设有专类。在周代的《诗经》《师旷占》《杂占》等书中有不少占候的谚语和方法。战国秦汉时，占候著作已较多，《汉书・艺文志》提到有关海洋占候的《海中日月慧虹杂占》有18卷之多。晋沈怀远《南越志》："熙安间多飓风。飓者，其四方之风也，一曰惧风，言怖惧也，常以六七月兴。未至时，三日鸡犬为之不鸣，大者或至七日，小者一二日，外国以为黑风。"[②]这一记载，说明在晋时已知台风为旋转风，并有明显的前兆。这些前兆均有预报作用。

---

① 《舟师绳墨・跋》。

② 《南越志》，《太平御览》卷九引。

唐宋以来，中国远洋航海事业有了大的发展。为了祈求船舶在海上趋避风暴，宋代出现了航海保护神——天妃的神话传说，并且流传越来越广，影响越来越大，在这之后，海洋占候也开始从一般的占候中独立出来。南宋时海洋占候已有相当高水平。《梦粱录》卷十二载："舟师观海洋中日出日入，则知阴阳；验云气则知风色顺逆，毫发无差。远见浪花，则知风自彼来；见巨涛拍岸，则知次日当起南风。见电光，则云夏风对闪；如此之类，略无少差。"明代海洋占候已有多种，并汇编成册。明导航手册《海道经》将收集的海洋占候谚语，分成占天门、占云门、占日月门、占虹门、占雾门、占电门等。郑和航海可能使用过，以后流传中又可能有所补充的导航手册《顺风相送》，其收集的占候谚语分编于"逐月恶风法""论四季电歌""四方电候歌""定风用针法"等条目中。明导航手册《东西洋考》则将谚语编入"占验"和"逐月定日恶风"两部分中，清导航手册《指南正法》则将谚语编入"观电法""逐月恶风""定针风云法""许真君传授神龙行水时候""定逐月风汛"等条目中。

　　对海洋风暴预报的方法很多。其中重要方法是利用海洋的宏观异常前兆现象，即所谓"天神未动，海神先动"。这方面记载较多。如《梦粱录》称："见巨涛拍岸，则知此日当起南风。"①《田家五行·论风》称："夏秋之交，大风先，有海沙云起，俗呼谓之风潮。"《天文占验·占海》称："满海荒浪，雨骤风狂""海泛沙尘，大飓难禁"。《东西洋考》《海道经》中均有"海泛沙尘，大飓难禁"的记载。《舟师绳墨·舵工事宜》称："天神未动，海神先动。或水有臭味，或水起黑沫，或无风偶发移浪，礁头作响，皆是做风的预兆。"《台海纪略·天时》载述"凡遇风雨将作，海必先吼如雷，昼夜不息，旬日乃平"。"海神先动"现象包括海洋生物异常。《本草纲目》卷四十四："文鳐鱼……有翅与尾齐，群飞海上，海人候之，当有大风。"戚继光《风涛歌》："海猪乱起，风不可已"；"虾

① 《梦粱录》卷十二《江海船舰》。

龙得纬，必主风水"①。《东西洋考》《海道经》均有"蝼蛄放洋，大飓难当""乌鲟弄波，大飓难当""白虾弄波，风起便知"等记载。《测海录》称："飓风将起，海水忽变为腥秽气，或浮泡沫，或水戏于波面，是为海沸，行舟宜慎，泊舟尤宜防。"《采硫日记》卷上："海中鳞介诸物，游翔水面，亦风兆也。"古代还认为海鸟乱飞也是台风征兆，可用于预报。《风涛歌》称："海燕成群，风雨即至。"《顺风相送》也称："禽鸟翻飞，鸢飞冲天，具主大风。"②《墨余录》卷三则详细记载了一次风暴前兆情况："岁辛酉八月十九日夜间，满城闻啼鸟声，其音甚细，似近向远，闻者毛发洒然皆竖，在乡间亦然……余以滨海之鸟，恒宿沙际，值海风骤起，水涨拍岸，鸟翔空无所栖止。故哀鸣如是。此疾风暴之征也。当于日内见之。翌日，滨海果大风雨，二日始止。"《东西洋考》《海道经》的"占海篇"均介绍海洋生物的台风前兆现象。使人更感兴趣的是，古人认为，不仅海洋生物，而且海船中的其他生物也有台风前兆现象，如《唐国史补》卷下："舟人言鼠亦有灵，舟中群鼠散走，旬日必有覆溺之患。"

古代还记载利用风暴潮的生物前兆进行中长期预报。《甲寅海溢记》记载："考郡志灾变门，康熙戊子二月初十日，白巨鱼至中□桥，占者谓有小灾。是年七月初七日海溢，今甲寅前三四月间，乌巨鱼至澄江，十百为群，大者如牛，迎潮掀舞，月余乃去，识者忧之，至秋果验。"③

四、自然灾异相关性认识

中国古籍中有关自然界相关性现象的记载很多。新近已对有关史料进行系统的收集整理并按类型汇编成《中国古代自然灾异相关性年表总

---

① 《风涛歌》，同治《福建通志》卷八十七《风信潮汐》。

② 《顺风相送·逐月恶风法》。

③ 《甲寅海溢记》，民国《台州府志》卷一三六。

汇》。①其中涉及海洋的有:《风潮》413 条;《地震—海啸》18 条;《干旱—潮枯》11 条;《水族应潮应月》15 条。

风潮。古代最能反映风暴潮与风暴因果关系的认识是"风潮"一词。"风潮"成为中国古代风暴潮的专有名词。此专有名词的形成和推广有一历史过程。谢灵运(385—433)的《入彭蠡湖口作》诗有"客游倦水宿,风潮难具论"的诗句。②这里虽有"风潮",但风、潮似未合成一词。宋代潮灾史料也有用"风潮"的,但似乎只指风暴,因为在"风潮"之后,紧接着又讲到"海溢",如清道光《昆新两县志·祥异》:"元丰四年,大风潮,海水溢。"元代,"风潮"已成为专用名词,《璜泾志略·灾祥》:"大德五年七月,风潮漂荡民庐,死者八九。"元末明初《田家五行·论风》载:"夏秋之交,大风及有海沙云起,俗呼谓之'风潮',古人名曰'飓风'。"这里的风潮,并非只指大风,还包括大风引起的大海扰动,即海沙云起。同时还明显地指出是夏秋之交盛行的台风所引起的风暴潮。明代,"风潮"这一作为风暴潮的专有名词已广泛使用。如康熙《靖江县志》卷五"祲祥"和光绪《靖江县志》卷八"祲祥"共记载明代约 40 次潮灾,其中绝大部分用"风潮"一词。如"风潮,湮没民居""大雨,风潮淹没田庐""大风潮,人民淹死"等。清代,"风潮"名称用得更多。关于风和潮的关系,《广东新语》卷一有着较系统总结,"风之起,潮辄乘之,谚曰:潮长风起,潮平风上,风与潮生,潮与风死。"

地震—海啸。公元前 47 年(西汉初元二年),山东,"一年中,地再动,北海水溢流,杀人民"③;1324 年(元泰定元年),浙江"秋八月,

————

① 宋正海、高建国、孙关龙、张秉伦,《中国古代自然灾异相关性年表总汇》,安徽教育出版社,2002 年。

② 《入彭蠡湖口作》,《昭明文选》卷二十六。

③ 《汉书·元帝纪》。

地震，海溢，四邑乡村居民漂荡"[1]；1867 年（清同治六年），台湾，"冬十一月，地大震。二十三日鸡笼头……沿海山倾地裂，海水暴涨，屋宇倾坏，溺数百人"[2]。

干旱—潮枯。1547 年（明嘉靖二十六年），浙江，"自夏至冬，浙江潮汐不至，水源干涸，中流可泳而渡"[3]；1888 年（清光绪十四年），江苏，"夏，大旱，咸潮倒灌"[4]。

水族应潮应月。公元前 235 年（秦始皇十二年），"月也者，群阴之本也。月望，则蚌蛤实，群阴盈；月晦，则蚌蛤虚，群阴亏"[5]。

本节所提海洋中各种相关性现象，只是指造成灾异的相关性，其实在海洋相关现象中更常见因而习以为常故不专门介绍的则是潮—月同步原理现象。

① 民国《平阳县志》卷十三。

② 同治《淡水厅志》卷十四。

③ 光绪《杭州府志》卷八十四。

④ 光绪《盐城县志》卷十七。

⑤ 《吕氏春秋·精通》。

第三节　区域海洋学

由于整体论科学观的影响，地方性、区域性的海洋学在中国古代就十分发达。

一、区域水产志

秦汉以后，沿海农业经济区广泛开发，海洋水产资源的开发随之大大加强，海洋捕捞进入到一个全面发展时期。当时海洋水产知识日益增多，其中有关海洋水产知识的古籍也很多，可分五类：一是辞书和类书，如《尔雅》《埤雅》《说文解字》《康熙字典》《艺文类聚》《太平御览》《古今图书集成》等；二是本草著作，如《神农本草经》《新修本草》《本草拾遗》《本草纲目》等；三是渔书、水产志，如《渔书》《鱼经》《闽中海错疏》《海错百一录》《记海错》《水族加恩簿》《相贝经》《禽经》《晴川蟹录》《蟹谱》《蛎蜅考》等；四是异物志和笔记小说，如《扶南异物志》《岭表录异》《临海水土异物志》《博物志》《魏武四时食制》等；五是沿海地方志。

二、海滩生物生态学

在中国海洋农业文化中，海滩的海洋采集活动悠久而广泛。主要是在潮退后在潮间带采集贝类、螺类和鱼类等生物。所以对海滩生物生态学十分清楚。潮间带是个特殊生态环境，上潮时这里被海水淹没，退潮后又露出海面。这里生物生态有着明显的半太阴日周期。古人不仅十分熟悉，更有较多记载。

海滩上有一种小蟹叫"招潮"，为甲壳纲沙蟹科，穴居海滩，雄蟹一鳌很大，涨潮前雄蟹举起大鳌，上下活动如招潮，故名。古人对招潮现象记载较多。三国沈莹（？—280）《临海异物志》记载："招潮小如彭蜞，壳白。依潮长，背坎外向举鳌，不失常规，俗言招潮水。"《太平御览》等类书、《潮阳县志》等沿海地方志以及《异鱼图赞》等海产志均记载这种生物节律现象。

古籍还记载数丸蟹的节律现象。唐代段成式（约803—863）《酉阳杂俎》卷十七："数丸，形如蟛蜞，竞取土各作丸。丸数满三百而潮至。"

牡蛎固着在海边岩石上本身不能移动，只能利用潮水摄食，所以也有半太阴日节律。唐代刘恂《岭表录异》记载："蠔即牡蛎也。……每潮来，诸蚝皆开房。"其后，宋代《本草图经》、明代《闽中海错疏》《闽部疏》均有记载。

总之，海滩生物生态是古代沿海居民十分熟悉的。

三、地文导航

中国古代不论是近距离航海还是远距离航海，基本为地文导航体系。明代郑和航海除横跨印度洋时，其他航段也基本是地文导航体系。地文导航在中国古代航海中充分发展，因而水平高基本可以保证完成远航任务并保护生命船舶安全。

为了确保安全和正确导航，在古代技术条件下，必须采用综合方法，利用各种有定位价值的自然物作航标。地文导航的航标，顾名思义，不是日月星辰，而是地物。最基本的航标是海上地貌，即海岸、河口和岛屿的外形特征和组合关系。宋代周去非《岭外代答》卷六："舟师以海上隐隐有山，辨诸番国，皆在云端。若曰往某国，顺风几日望某山，舟当转行某方。或遇急风，虽未足日已见某山，亦当改方。"明代巩珍《西洋番国志·自序》："海中之山屿形状非一，但见于前，或在左右，视为准则，转而往。要在更数起止，记算无差，必达其所。"清代《舟师绳墨·舵工事宜》："倘到薄暮行舟，必认一山为重，尖而高者立易识……小而平者，急却难辨。须记得此山的山嘴系何形象，左右有无小山屿，如看见小山屿则知应山，始可认定。"

中国古代导航图基本是对景图，详细地绘出航线附近各种可作标志的海上地貌。《郑和航海图》中记载了中国的岛屿多达 532 个，外国的岛屿 314 个。其地貌类型，分为岛、屿、沙、浅、石塘、港、礁、硖、石、门、洲等 11 种。①

通过对南海渔民"更路簿"的研究，可知南海渔民对西沙、南沙群岛海上地貌，尤其是对珊瑚岛、礁的地貌特征有着深刻细致的认识，并为了导航，在数百年间约定俗成，对不同地貌按其特征取了名称，如峙、线、线排、沙、沙排、圈、塘、门、孔、石、马、浮、带坡马等，十分形象，便于记忆，又一目了然。②

第二种导航地物是海下地貌。了解海下地貌，不仅有导航作用，而且可保证航行安全。《宣和奉使高丽图经》卷三十四："海行不畏深，惟惧浅阁，舟底不平，若潮落，则倾覆不可救。"中国古代创造了平底船—沙船，就是防止搁浅。海下地貌导航作用，常是配合海上地貌综合分析而发挥的。明《东西洋考》卷九《舟师考》："如欲度道里远近多少，准一昼夜风所至为十更，约行几更，可到某处。又沉绳水底，打量某处水深浅几托，赖此暗中摸索，可周知某洋岛所在。"《东西洋考》卷九《西洋针路》谈到小昆仑到真屿航路的记载中有关于识别真屿的办法，"真屿，看成三

---

① 中国科学院自然科学史所，《中国古代地理学史》，科学出版社，1984 年，第 66 页。

② 章巽主编，《中国航海科技史》，海洋出版社，1991 年，第 194~195 页。

山，内过打水三十四托，泥地。外过打水十八托，沙地。远过只七八托，便是假屿，水浅不可行。只从真屿东北边出水礁南边过船"。从这里可以看出通过所到之处海底水深（单位"托"）和海底物质（泥、沙、石等）的测定，可以确定船位，进行导航。水下地貌在古代一直用重锤法，有时在重锤上绑上牛油以采取海底物质，此法有时还可以独立用于导航。《台湾志略》卷一："所至地方……如无岛屿可望，则用绵纱为绳，长六七十丈，系铅锤，涂以牛油，坠入海底，粘起泥沙，辨其土色，可知舟至某处。"

通过大量实践，古代水手渔民十分清楚海上地貌与海下地貌的统一性、连续性，因而可以用海上地貌状况来推测海下地貌的走向和分布。《舟师绳墨·舵工事宜》："至认礁脉，亦以附近之山为主，或由某山嘴，或对某山头，或某山门开，或某山门闭。确对某处，认定某礁，然后可驶饻避。认礁之要不外一开一拢，一横一直。若不看对山，不识其门，稍有犹豫忽略，鲜有不受其害。"这种上下地貌共生的现象，古代称之谓"崩洪"。《地理索隐》卷三《过峡》："崩洪，峡者，穿江过河之石脉也。山脉从水中过，是山与水为朋，水与山为共，故曰崩洪……石骨过处，水分两分。但水面不能见耳。"古代渔民水手十分熟悉南海、黄海等海区的海下地貌大势。宋代周去非《岭外代答》卷一：南海海底地貌，"钦廉海中有砂碛，长数百里，在钦境乌雷庙前直入大海，形若象鼻，故以得名。长砂也，隐在波中，深不数尺，海舶遇之辄碎。去岸数里碛乃阔数丈，以通风帆"。清代陈伦炯《海国闻见录·天下沿海形势》："自廉之冠头岭而东，白龙、调埠、川江、永安、山口、乌兔，处处沉沙，难以名载；自冠头岭而西，至于防城，有龙门七十二径，径径相通。径者，岛门也。通者，水道也。以其岛屿悬杂，而水道皆通。廉多沙，钦多岛。"宋代赵汝适《诸蕃志》卷下对南海"千里长沙""万里石床"进行了阐述，"至吉阳，乃海之极，亡复陆涂。外有洲，曰乌里，曰苏吉浪，南对占城，西望真腊，东则千里长沙、万里石床"。宋代徐兢《宣和奉使高丽图经》卷三十四记述黄水洋的海底地貌，"黄水洋即沙尾也，其水浑浊而浅。舟人云其沙自西南来，横于洋中千余里，即黄河入海处"。

第三种导航地物是海标，也可归入广义的陆标中，除了上述的海底物质外，还有海水颜色和海区指示生物。宋代对海水颜色与海深关系有较深的认识，《宣和奉使高丽图经》中已明确把黄海自西向东分成黄水洋、青水洋、黑水洋，这显然与海水深浅有关。《文昌杂录》卷三则明确指出两者关系，"昔使高丽，行大海中，水深碧色，常以蜡碢长绳沉水中为候，深及三十托已上，舟方可行。既而觉水色黄白，舟人惊号，已泊沙上，水才深入托"。《梦粱录》卷十二也明确记载水色与海岛距离间的关系，"相色之清浑，便知山之远近。大洋之水，碧黑如淀；有山之水，碧而绿，傍山之水，浑而白矣"。古代常用"黑"来形容海洋深水区。在黄海有"黑水洋"，在东海则有"黑水沟"。台湾海峡海道，船舶往来频繁，但海底地形十分复杂，深度变化很大。黑水沟是暖、寒流交汇的地方，横渡台湾海峡时，黑水沟被视为畏途[1]。清代横渡海峡时，水手常用海水颜色变化来了解船位。《台海使槎录》卷一描绘了从台湾驶向大陆航线上水色的变化。清乾隆《台湾县志》卷二则更详细地描绘了从大陆驶向台湾航线上水色的变化。

海洋生物与海下地貌也有关系，《梦粱录》卷十二"有鱼所聚，必多礁石，盖石中多藻苔，则鱼所依耳"，无疑有导航作用。不少海洋生物如拜浪鱼、飞鱼、拜风鱼、白草，生长的区域性强，所以可作为海区的指示生物，有时被用来导航。如"独猪山，打水一百二十托……贪东多鱼，贪西多鸟。内是海南大洲头，大洲头外流水急，芦荻柴成流界。贪东飞鱼，贪西拜风鱼"[2]。鲣鸟是生活在西沙群岛的鸟类，现被称为"导航鸟"。古代航行南海的水手已了解它的导航作用。《海国闻见录》："七洲洋中的

---

① 陈瑞平，《我国古代对台湾海峡的气象和水文的认识》，《科学史集刊》第10辑。

② 《两种海道针经》，中华书局，1961年，第117页。

一种神鸟……名曰箭鸟。船到洋中，飞而来，示与人为准，呼号则飞而去。间在疑似，再呼细看，决疑仍飞而来。"

导航除了船标还有海图。介绍中国古代海图，应从水路簿谈起。目前发现的水路簿大都是清代编写，但可以肯定水路簿的出现比针经和正规海图出现要早得多。水路簿只有文字，没有图，是渔民水手自编自用的，所以没有规范化。其中所记地名往往只是注音式的。许多用词也只是他们的行话或土语，内容完全来自实践，并且也不断地由世代渔民水手亲身实践所得到的新认识，来修改和补充。所以和正规海图比较起来，水路簿所反映的海洋地貌知识主要是"源"而不是"流"。古代针经是宋代指南针发明并开始用于航海之后，在水路簿的基础上逐渐发展起来的。著名的针经主要在明清，如《东西洋考》《渡海方程》《指南正法》《海道经》《顺风相送》等。

海图在中国起源可能很早，《山海经》是中国古代地理名著。据说此书原来有图——《山海图》，后来才散失，当代学者认为，而"今已散失的《山海图》，其中一部分可能就带有原始航海图的性质"[1]。古代渔民也有自编自用的海图，虽然有了图，比水路簿进了一步，但同样是质朴简陋的，和水路簿一样以手抄本形式出现。由此可见这类民间海图同样是"源"而不是"流"。它们均是正规海图形成和发展的重要基础。但它们本身由于十分简陋，所以朝廷官府不予收藏，自然也很难流传后世。宋代才有比较明确的海图记载，如《玉海》卷十六中提到的北宋的《太平兴国海外诸域图》。北宋徐兢的《宣和奉使高丽图经》卷三十四提到的"神舟所经岛、洲、苦、屿，而为之图"，明初《海道经》中的《海道指南图》等，是我们现在能看到的比较早的海图；《郑和航海图》则是中国古代最系统最完备的海图。综观能见到的明清海图，我们可以这样说，几乎没有

---

① 章巽，《记旧抄本古航海图》，《中华文史论丛》第 7 辑，上海古籍出版社，1978 年。

一幅海图不是用于地文导航的对景图，特别是有代表性的海图，《明朝使臣出使琉球航海图》^①《郑和航海图》《海运图》^②《古航海图》^③等，它们均不考虑大地球形问题，根本没有经纬度，只是详细地描绘航线附近的地形地物，山形水势。显然，这与西方是有明显区别的。

四、小海区（洋）

随着人们海上生产活动的增加，大范围粗略的海区划分逐渐不能满足现实的需要，小海区的划分和命名亦开始见之于文献。元代海运中提到的黄海海区的黄水洋、青水洋和黑水洋，这是以含沙量、深浅、水色等划分黄海的小海区。台湾海峡被称作"横洋"，其中又根据航海的需要进一步划分成几个更小的"洋"，清乾隆《台湾县志》卷二："台海潮流，止分南北，台厦往来，横流而渡，号曰横洋，自台抵澎为小洋，自澎抵厦为大洋，故亦称重洋。"在海中因航线划分小海区的情况之外，更多的是采用与海区毗邻大陆名称，如称浙江外面海区为"浙洋"，《清高宗实录》卷一五六："浙洋宽深无沙，出洋便可扬帆，毫无阻碍。"比"浙洋"更小的海区，亦有称"洋"的，如《郑和航海图》中，称浙江象山港外的海区为"孝顺洋"，其邻近的小海区称"乱礁洋"。文天祥有《过零丁洋》为题的诗句，零丁洋，在广东珠江口外，又名作伶仃洋，因有伶仃岛而取名。这种小海区取"洋"名者很多，《广治平略·沿海全境》中有："乌沙洋为白沙巡司界，九星洋为福永巡司界""记心洋为平海所界"^④。"海南四郡之西南，其大海曰交趾洋。"^⑤元代周达观《真腊风土记·总叙》："自温

---

① 《明朝使臣出使琉球航海图》，萧崇业，《使琉球录》。

② 《海运图》，道光《蓬莱县志》卷一。

③ 章巽，《古航海图考释》，海洋出版社，1980年。

④ 《古今图书集成·方舆汇编·山川典》卷三一四。

⑤ 同上注。

州开洋，行丁未针，历闽广海外诸州港，过七洲洋，经交趾洋到占城，又自占城顺风可半月到真蒲，乃其境也。又自真蒲行坤申针，过昆仑洋，入港。"这些"洋"都是小海区，都分别隶属于黄海、东海与南海。也有称小海区为"海"的，如"琼海"[①]，且有"海"与"洋"同称某小海区的，如苏州海，又称苏州洋。从上述的介绍中，不难发现，在我国古代人们的概念中，"洋"并非比海大，恰恰相反，它经常是被用来命名比海小的海区。况且，除了远离大陆、海岛的海区外，洋的名称一般与滨海的陆地或海岛名称相关。这种命名原则在中国古代是较普遍的。所以，在我国的传统观念中，"洋"字所统辖的水（海）域要比海小。[②]

以"洋"字来命名小海区，起于何时实无法考证清楚。最早对"洋"字作地理学的解释，乃是南宋初（12世纪）的赵令畤，《侯鲭录》卷三："今谓海之中心为洋，亦水之众多处"，又说："洋者，山东谓众多为洋"。赵德麟的解释，仍沿袭《尔雅·释诂》。"洋，多也"的引申，与"洋"命名小区并不相同。可见，至南宋初年，"洋"仍为小海区的命名尚未约定俗成。估计，只有南宋政权偏居一隅（半壁河山），财政收入有赖于海外贸易。在航海事业更为发达，地文导航需要时，"洋"作为小海区的命名才能应运而生。

我国小海区的"洋"名，较早见诸文献的是北宋末年宣和年间（1119—1125）徐兢的《宣和奉使高丽图经》卷三十四："白水洋，其源出靺鞨，故作白色；黄水洋，即沙尾也，黄水洋浊且浅。"王应麟（1223—1296）《玉海》卷十五《绍兴海道图》则有"缘苏洋之南"，都是"洋"作为小海区的最早文献。

---

① 《边海外国志》，《古今图书集成·方舆汇编·山川典》卷三○九。

② Guo Yongfang, *The Character "Yang" of Chinese Traditional Ideas-A Study of Nomenclature of Small Sea Areas*, *Deutscbe Hydrographiche Zeitschrift*, Nr.22, 1990.

南宋周去非《岭外代答》提到交洋、交趾海，以及东大海、东洋海、南大洋海等等。从中可以看到，周去非的时代尚处于海、洋交互使用时期。至南宋末吴自牧《梦粱录》说航海到东南亚"若经昆仑、沙漠、蛇龙、乌猪等洋"，似乎已至以"洋"来命名的完成期。所以，不妨说"洋"的小海区的命名，起源于宋中期，完成于宋末期，当中的近200年是演变的过渡期。

元明乃至此后，"洋"字作为小海区的命名趋于兴盛。这从《郑和航海图》《顺风相送》等重要文献中得到了有力的证明，之后的沿海地方志更为普遍，逐渐成为一般的命名原则。

最后，在我国，"洋"所以有作为洋（如太平洋）概念的产生，乃从西方传入的。就目前所知，最早见诸文献的是英国人慕维廉（W.Muirhead，1822—1900）著的中文本《地理全志》，该书成于咸丰癸丑年（1853），由江苏松江上海墨海书馆出版，书里的"世界全图"明确标出"太平洋""大西洋"和"印度洋"，又把今天我国南海的南面海域标作"南洋"，显然照顾到中国的传统叫法。中国传统说到"下南洋"，乃指到印度尼西亚等地求生计。

第四节　自然灾害群发期和自然灾害平衡链的发现

自然界各要素有着复杂的内在联系。当某一要素发生大的异常成灾时，就不同程度影响其他要素的异常乃至形成次生灾害。引发成灾的现象，时空尺度小的形成"祸不单行"现象，时空尺度大的就形成"灾害群发期"。如引发的其他要素异常，反过来有平衡减灾作用，则出现"平衡链现象"，这种情况在中国古代称为"否极泰来"。

一、自然灾害群发期的发现

自然灾害和异常的发生及其强度在漫长的历史中并非是均匀的，有着活跃期与平静期的相互交替，自然灾异，特别是大的灾异明显集中于少数几个时期。任何一种自然灾害或自然异常均有群发期，但这只是单现象的群发期，称为多发期。科学家对单现象的多发期早有广泛研究，有的已较清楚。但包括多种自然灾害和异常的综合自然灾异群发期的发现就困难得多。中国传统有机论自然观为这种发现和研究提供了先进的指导思想。古代丰富多样的自然灾异记录则为这种发现和研究提供了扎实的资料基础。中国的历史灾害学、历史自然学家在这方面作了杰出贡献，其成果已收入《中国古代自然灾异群发期》。[①]

---

① 宋正海、高建国、孙关龙、张秉伦，《中国古代自然灾异群发期》，安徽教育出版社，2002 年。

20 世纪 60 年代初，王嘉荫注意到多种自然灾异现象在 16 到 17 世纪有着明显的峰值现象。之后，以张衡学社为主，应用中国古代自然灾异史料从事天地生相关研究和综合研究的科学家，在中国古代综合自然灾异群发期的研究方面作出了重要贡献，发现了多种群发期，主要有夏禹洪水期、两汉宇宙期、明清宇宙期三个时期。

根据古代史料，在这些主要群发期中，有着不少风暴潮等海洋灾害和异常现象。

二、自然灾害平衡链的发现

如果说自然灾害群发期反映了自然综合体各要素间的相关性，那么，"自然灾害平衡链"则反映了自然综合体的某种稳定性。这种稳定性，使得某一要素有突变，形成灾害时，它影响所致形成的其他要素异常，会反作用于前要素，从而在一定程度上起到减灾作用。

自然灾害平衡链是在自然灾害群发期研究中于 1994 年发现的。[①]

这种灾害平衡链现象值得人们在减灾救急中充分利用，从而化大灾为中灾、小灾，乃至在灾年夺得丰收。中国古代的自然灾害平衡链现象可归纳为害虫天敌、救灾食品、灾年丰产等三种。自然灾害平衡链史料主要来自陆地，海洋方面不多，这值得今后努力收集和研究。这里只介绍有关灾年丰产的历史记录。

风暴潮灾时，海水冲坍塘进入农田，但有时反而获得丰收。清道光十五年（1835）六月十八日，江苏川沙"海潮涨溢，冲刷钦塘、獾洞二处，水涌过塘，塘西禾棉借以灌溉，岁稔"（光绪《川沙厅志》）。这次潮灾中，江苏松江也这样获得丰收。1835 年"六月十八日，海潮涨过塘西，禾苗借以灌溉，岁稔"（光绪《松江府志》卷三十九）。在中国古代河口

---

① 郭廷彬、李天瑞、张九辰、孙书斋、宋正海，《自然灾害平衡链及其在减灾中的意义》，《历史自然学的理论与实践》，学苑出版社，1994 年。

地区往往发展潮灌、潮田。川沙、松江所在的长江河口地区，潮灌、潮田更是发达，因而他们掌握感潮河段的淡水、咸水进退的时空规律。所以在风暴潮灾时，当地人能如此大胆这样做以获得淡水是有一定经验的。

三、海洋自然宗教信仰中折射的整体观

宗教信仰是人类社会发展到一定历史阶段出现的一种特殊社会意识形态。由于它有着群体性、社会性等特征，又有着古人对自然未知的探索、假设和深层思考，所以更易体现出哲学性。宗教信仰与哲学有着千丝万缕的联系。经过较深入思考，我们认为中国传统海洋自然宗教信仰中明显折射出整体观。

古代科学技术普遍低下，人类在自然面前显得渺小，特别在无边无际、变化无常又异常凶险的海洋活动中显得更弱小无助。当时还无法用科学道理对海洋多种现象进行清楚解释，更无法保障航海、海洋渔业等海洋活动的安全。显然古代对海洋整体性的认识很不完整，实际上是支离破碎的，存在着巨大空白。

在科学技术发达的近现代，面对整体性的断裂或空白，通常设一个"未知数"，然后深入调查研究进行解决。但在科学技术不发达的古代，面对巨大的海洋环境、难以抗拒的海洋自然灾害和空前的海洋奇异现象等，对整体性理解的断裂或空白就无法平心静气设一个"未知数"再按部就班来研究，而只能假设，用一种超自然的神秘力量或实体来解释。其结果必然使人对这种神秘的现象和力量产生敬畏及崇拜，从而引申出信仰认知及仪式活动体系。

中国古代广大沿海地区主要信仰道教、佛教。道教是中国本土教派之一，以"道"为最高信仰。道教在中国古代鬼神崇拜观念上，以黄、老道家思想为理论根据，承袭战国以来的神仙方术衍化形成。佛教自创立以来在印度广泛传播，后传入中国也得到广泛传播。在中国广大涉海社会群

体所信仰崇拜的海洋神灵是自然神，如（各海域的）海神、潮神、船神、（大）鱼神、礁神等，数量众多，角色纷杂。最早的海洋信仰是图腾崇拜，其形象是海兽形，进而演化为人兽结合的半人半兽形，后来成为人形。

海神名称，最早见于先秦古籍《山海经》，《山海经·大荒东经》载："东海之渚中，有神，人面鸟身，珥两黄蛇，践两黄蛇，名曰禺䝞。黄帝生禺䝞，禺䝞生禺京。禺京处北海，禺䝞处东海，是惟海神。"

魏晋六朝时期，"四海之神"的概念出现，《太公金匮》记云："四海之神，东海之神曰勾芒，南海之神曰祝融，西海之神曰蓐收，北海之神曰玄冥。"①

中国古代海洋宗教信仰十分广泛，但影响较大，家喻户晓的主要有精卫填海、四海龙王、八仙过海、妈祖、九日山祈风、海宁潮神等。

---

① 《太公金匮》，唐虞世南《北堂书钞》，卷一一一引。

第四章　综合性海洋方法论

科学是对自然界的规律性的认识，技术是人类应用科学认识对自然界进行不同程度的适应和利用。科学、技术二者是理论和实践的关系。

　　海洋技术是广大渔民、水手、养殖户等靠海生活的沿海和水上居民在长期的生产实践中总结出来的。他们虽科学文化知识不多，但长期受到朴素的整体论海洋观的熏陶，受到整体论科学观的影响，在广泛的海洋活动中积累了十分丰富的海洋生存本领和海洋生产实践经验。他们并不一定按所谓"科学"的条框办事，而是以生存和生产为第一法则。他们获得的海洋技术知识不仅是实用的、有效的，且具有原创性。这些知识经过世代实践检验而保存积累下来。尽管他们不一定能将其原理清楚表述出来，但高成功率的技术可能隐含着巨大的科学原理。在当代如果深入发掘这些传统成功技术，可能仍有着巨大的科学技术原创功能。

第一节　巧妙的实用技术

中国古代海洋技术异常丰富，在朴素的整体论思想的指导下，这些海洋技术十分巧妙和高效。

一、巧妙捕捞法

海洋捕捞是最基本的海洋生产活动，历史悠久。捕鱼技术异常丰富，这里只介绍几种技术含量高的巧妙的捕捞方法。

光学诱捕法。主要是利用某些鱼类的趋光性进行捕捞。《小琉球漫志》卷四："飞藉鱼……两翼尚存。渔人俟夜深时悬灯以待，乃结阵飞入舟。"《七修类稿》卷四十："每见渔人贮萤火于猪泡，缚其窍而置之网间，或以小灯笼置网上，夜以取鱼，必多得也。"

声音探鱼法。不少鱼类在行进中发出声音，古代渔民广泛使用声音探鱼法来指导下网。如黄花鱼（石首鱼）鱼汛集中，捕捞中采用此法。《西湖游览志》卷二十四："石首鱼，每岁孟夏来自海洋，绵亘数里，其声如雷……渔人行以竹筒探水底，闻其声，乃下网截流取之。"

声响驱鱼法。利用某些鱼类害怕某些声响来驱赶鱼群，进行捕捞。《矩斋杂记·鸣榔》："榔盖船后横木之近舵者。渔人择水深鱼潜处，引舟环聚，各以二椎击榔，声如击鼓，节奏相应，鱼闻皆伏不动，以器取之，如俯而拾诸地。"此方法的原理如谚语所说的"打水鱼头痛"。

捕鲸法。中国古人捕鲸十分巧妙。如《萍洲可谈》卷二："舟人捕鱼，用大钩如臂，缚一鸡鹜为饵，使大鱼吞之，随其行半日方困，稍近之，又半日方可取。"

二、人工养珠

古人熟悉阴阳理论并认为同气相求。月亮属阴，海水及海中生物也属阴，故认为月亮不仅吸引海水形成潮汐，而且也有利于海洋生物生长和发育，特别是生长于海底见不得阳光的蚌蛤之属。《广东新语》卷十五："养珠者以大蚌浸水盆中，而以蚌质车作圆珠，俟大蚌口开而投之，频易清水，乘夜置月中，大蚌采玩月华，数月即成真珠，是为养珠。"

三、蛎房固桥基

出海河口风浪巨大，桥基易被冲塌，宋代发明了用养牡蛎使牡蛎壳相互胶结形成坚固的蛎房来加固桥基的方法。1053 年至 1069 年，位于福建洛阳江入海河口处修建洛阳桥。当地人民用当时汕头海边用蛎房加固海堤的方法，在桥基周围养殖了大量牡蛎，牡蛎在潮流中生长很快，层层生长、胶结、形成蛎房，牢牢地把桥基石块结于一处，保护了桥基免受海浪的直接冲击。1138 年至 1151 年福建晋江县和南安县之间修建的长五里的跨海安平桥，又称五里桥，建桥也采用了蛎房加固桥基的方法。

四、海塘技术

我国古代海塘建设最早、最宏伟、技术也最高的要算涌潮世界闻名、风暴潮灾最为严重的钱塘江河口的江浙海塘。

江浙海塘始建于东汉。明代重视海塘建筑，三百年间有十三次大修工程，在工程上也有较大改进，先后采用石囤木柜法、坡陀法、垒砌法、纵横交错法。最后黄光升集筑塘法之大成，在海盐创筑五纵五横鱼鳞塘。（见图 4-1）他又著《筑塘说》，详细地介绍了修筑大塘的纵横交错法。

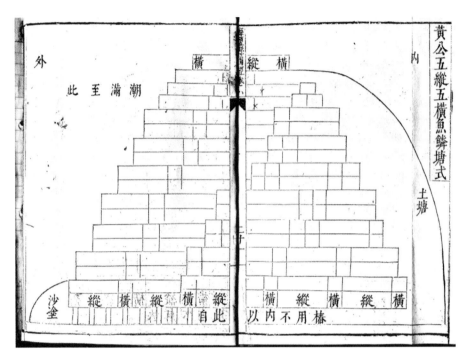

图4-1 黄光升五纵五横鱼鳞塘
（引自明天启《海盐县图经》卷八）

清代康熙、雍正、乾隆三朝，在历代建筑基础上，将江浙海塘大部改土塘为石塘，修筑了从金山卫到杭州221公里（从杭州狮子口到沪浙交界塘实长137公里，沪浙交界至南汇嘴塘长84公里）的石塘，大多是鱼鳞大石塘。鱼鳞石塘全部用整齐的长方形条石丁顺上迭，自下而上垒成。每块条石之间用糯米、莴樟等浆砌石，外用桐油拌石灰杂苎麻丝勾抹，再用铁锔扣榫，层次如同鱼鳞。其背水面则以土壅固加厚。现存的海塘大多为清代重修的鱼鳞大石塘。（见图4-2）

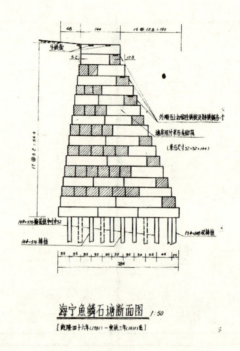

图 4-2　海宁鱼鳞石塘断面图（乾隆—宣统）
（本图由钱塘江工程管理局陶存焕提供）

五、潮灌

中国古代潮灌技术水平很高。如，明代崔嘉祥《崔鸣吾纪事》记载了当时耕种潮田的老人对潮灌原理和技术的精辟阐述："咸水非能稔苗也，人稔之也……夫水之性，咸者每重浊而下沉，淡者每轻清而上浮。得雨则咸者凝而下，荡舟则咸者溷而上。吾每乘微雨之后，辄车水以助天泽不足……水与雨相济而濡，故尝淡而不咸，而苗尝润而独稔。"

六、海战与潮汐

古人水上用兵，利用潮汐而取得胜利的实例很多。《舟师绳墨》是清代训练水师的一本教科书，对潮汐规律的认识与利用，便成为一项重要内容。《舟师绳墨·舵工事宜》："潮候随四时之节令，长退有一定之去来……各按时候，即如春天初一日，此处不浅可过。转至夏来初一日，此处却过不去，由此类推，行船无失。"

水军利用潮汛规律乘潮进攻，克敌制胜的战例不少。1661年郑成功战胜荷兰殖民者收复台湾是个典型。4月28日郑成功舰队从澎湖开船，准备从鹿耳门进入台湾。鹿耳门航道很窄，仅里许。《台海使槎录·形势》：台湾"四围皆海，水底铁板沙线，横空布列，无异金汤。鹿耳门港路纡回，舟触沙线立碎"。荷兰殖民者又将损坏的甲板船沉塞在航道中，所以这里并没有设防。郑成功部下大多为沿海居民，对台海潮汛了如指掌。4月30日（四月初二）正值大潮，水涨数尺，大小船只全部顺利地通过鹿耳门航道，收复了台湾。无独有偶，清政府后来统一台湾，也不止一次地利用涨潮攻入鹿耳门。《清朝文献通考》：康熙"二十二年六月帅征台湾……鹿耳门险隘难入，兵至潮涌，舟随潮进，遂平之"。

海防中经常用木桩打入航道河底，达到阻拦敌船或损坏敌船的目的。如，《海潮辑说》卷下记载，五代后晋天福三年（938）一次海战时，"海口多植大杙，冒之以铁，遣轻舟，乘潮挑战而伪循"，敌船追之。"须臾潮落，舰碍铁杙，不得退。"又如，清代薛福成《浙东筹防录》卷一下："缘测量梅墟江中水势，潮涨时水深不过二丈以内。四丈长之桩，以二丈入土，二丈在水。潮退时水面可露数尺。潮涨时桩与水平，足拒敌舰矣。"

七、"潮汐起重机"

宋代建洛阳桥，桥墩建成后，把巨大石梁安放到桥墩上是十分困难的。他们用海潮当"起重机"，先把一二丈长的沉重的大石梁架放在木排上。待涨潮时把木排划到桥墩间使石梁位于两桥墩的正上方。退潮时，石梁徐徐下降正确地安放在桥墩上。又如，蓬莱古水城水门外东边防浪堤，有效地阻挡了巨大潮波和风浪。防浪堤的石块大小不等。大的直径可达1.5米，重约2吨，估计当时还要更大些。这些石块运自西边丹崖山珠玑岩下。据传搬运这些石块也利用了潮汐。人们先将巨石用铁链固着在木排上。涨潮时木排浮起，然后将巨石运到施工地点，待潮退后解链，石块堆积，逐步形成防浪堤。

八、水密隔舱

就是用隔舱板把船舱分成互不相通的一个个舱区。这一船舶结构是中国古代造船技术的一大发明。优点是：一可提高船体抗沉性，保证航海安全。二是增强船体构造强度。水密隔舱结构是用水密隔板与船体板紧密连接，四周密封，这能起到加固船体的作用，增强船体横向强度。这项技术发明于唐代。《西山杂志·王尧造舟》："天宝中，王尧于勃泥运来木材为林銮造舟。舟之身长十八丈……银镶舱舷十五格，可贮货品三至四万担之多。"该史料记载了唐天宝年间泉州所造海船的情况。这是目前所见关于泉州海船中采用隔舱的最早记载。1960年江苏扬州出土的唐代木船即设置有水密隔舱，这是世界上目前所发现的最早的水密隔舱。宋代以后中国船舶已普遍设置了水密隔舱，大船内隔有数舱乃至数十舱。1974年，泉州湾后渚港出土了一艘宋代远洋货船残体，其舱位保存完好，已具有极为完善的水密隔舱结构。当时，中国船舶的水密隔舱蜚声中外，领先世界。郑和船队的所有海船均采用水密隔舱结构。西方船只，直至公元18世纪才有水密隔舱。

九、季风航海

季风是盛行风向随季节变化的风系。我国位于最大的大陆——亚欧大陆，又与最大的洋——太平洋毗邻。由于海陆热力性质的巨大差异，季风十分频繁。一般讲中国近海在冬季形成强大的偏北季风，在夏季形成偏南季风。强大的季风使中国古代充分发展了季风航海。

中国很早对季风就有了认识。甲骨文中已有四方风的记载。《吕氏春秋·有始》首先命名八方风。《史记·律书》则把八方风与月份对应起来，有了明确的季风概念。

传说夏禹时发明了帆。战国秦汉时已有大型航海活动，这必须依靠风作动力，其中主要应是季风航海。东汉崔寔（约 103—170）《农家谚》中已出现"舶趠风"一词，意为吹送远洋海舶航行的风。长江流域 6 月 10 日至 7 月 10 日为梅雨期。舶趠风是梅雨之后的盛行风，即是使海外船舶顺风而来的东南季风。南北朝时，在中外航海中季风航海日益发展。《宋书·蛮夷传》记载，南朝宋时各国商船"泛海陵波，因风远至"。《梁书·王僧孺传》记载，梁时广州已是"海舶每岁数至，外国贾人以通贸易"。这"每岁数至"，显然利用季风远航。

东汉之后较长时期中，未见使用"舶趠风"一词，一般用"信风"一词，信即定时、规律意，信风即为季风。信风航海十分普遍，东晋法显《佛国记》谈到，利用冬初信风航海。《唐国史补》卷下谈到"江淮船溯流而上，待东北风，谓之信风"。

"舶趠风"一词到宋代又大量出现，可能与海洋贸易发展有关。苏轼专门写有《舶趠风》诗，诗曰："三旬已过黄梅雨，万里初来舶趠风。几处萦回度山曲，一时清驶满江东。"此诗小引指出："吴中梅雨既过，飒然清风弥旬，岁岁如此，湖人谓之舶趠风。是时，海舶初回，云此风自海上与舶俱至云尔。"宋代陈岩肖《庚溪诗话》、南宋叶梦得（1077—1148）《避暑录话》均有类似记载。这些记载清楚说明，江浙一带把梅雨过后暑月的东南风，所以称舶趠风，就是因为千里万里以外的远洋船舶，乘此风可迅速来到江浙沿海，并云集于此，进行一年一度的贸易。此风得名近似于国外的"贸易风"。国外把从副热带高压吹向赤道低压带的信风称"贸易风"，意思是此风沿着一条规律的路径吹，把贸易送出去。

季风航海在中外远洋航海中充分发展。南宋末至元时，泉州港跃居全国首位，是东方第一大港。当时来泉州港的外商不仅有东亚、东南亚、南亚、西亚的，甚至有来自东非和北非一些国家的。宋代泉州太守王十朋（1112—1171）《提舶生日》"北风航海南风回，远扬来输商贾乐"，描述的正是当时泉州港由于季风航海而中外港口贸易充分发展的情景。

由于季风航海，中国古代船舶向南海和西洋远洋航行，一到外面必须抓紧时间完成出使、贸易等活动，以便赶上南风期返航。如果赶不上，那船必须留在外国等待下一个南风期。这种情况称为"住蕃"，也称"压冬"。这一压就是一年，往返就近两年。中国和阿拉伯相距很远，往返必须两年。郑和下西洋是季风航海，差不多两年一次，也是这个原因，出使和回国时间有着明显的规律性。每次出使，不管奉命时间在什么季节，但出航时间均为冬半年，这样可以利用冬季偏北风，而回国均为夏半年，这样可以利用夏季偏南风。明代马欢《瀛涯胜览·纪行诗》描述郑和船队利用季风航海的情景。去的时候"鲸舟吼浪泛沧溟，远涉洪涛渺无极"；回的时候"时值南风指归路。舟行巨浪若游龙"。

元代海运主要依靠位于黄海的南北航线。《元海运志》谈到，海运以风作动力，"舟行风信有时"，"四五月南风至起运，得便风十数日即抵直沽交卸"。实际上是每年四月十五日夏季西南风开始盛行，为漕运开始日期。

十、黑潮航行

黑潮洋流起源于吕宋岛以东洋面。主干流沿台湾以东，经台湾和与那国岛之间的水道进入东海，顺东海大陆坡向东北流去。黄海暖流在东海东北部济州岛以南，沿西北方向进入南黄海流动。黄海暖流是沿太平洋西部第一岛链北上的黑潮的一个分支。元代漕运路线位于今黄海海区。后来获得较大成功就是黑潮航行。黄海海区一则由于有淮河输入泥沙，与长江入海泥沙北移；二则由于历史上黄河下游南北摆动，曾一度流入黄海，带来大量泥沙；三则由于长江口以北以上升海岸为主，所以这里海涂广阔，近海中泥沙含量很高，水不是很深，暗沙浅滩很有规模。黄海离岸越远则越深，泥沙含量小，水色由黄变青，由青变黑，分区是十分明显的。在中国古代随着海洋资源开发和航海的频繁，大的自然海区常被划分成更小的一级的综合经济海区，这种小海区常被称为"洋"。宋元以来，在黄海活动的渔民水手常把黄海划分为黄水洋、青水洋、黑水洋。大致在长江口以北近岸处一带，含沙量大，水呈黄色的小海区称为黄水洋。34° N、122° E 附近一带海水略深，水呈绿色的小海区，称为青水洋。32°～36° N、123° E 以东一带海水较深，水呈蓝色的小海区称为黑水洋。

元代漕运路线开始在黄水洋，这里水浅沙多，《三鱼堂日记》卷六："潮长则洋汤汤，茫无畔岸，潮落则沙壅土涨，深不容尺，其沙土坚硬，更甚铁石，渔船可载数千者，必远而避之。"在这里航海，不能用大船，只能用装 800 石左右的小船；也不能用下侧如刃可以破浪而行的大海船，必须用平底的沙船。这条航线并非顺水，而是逆水行舟。黄海洋流系统是由两支基本洋流组成的，一支是黄海暖流，它是黑潮在黄海分出的支流，由南向北流动于 123° E 以东海区，并流入渤海。另一支是黄海沿岸流，位于西部近岸海区。它起自渤海，沿着鲁北沿岸东流，经渤海海峡南部直达成山头，进入黄海。在苏北沿岸时，它得到加强，并继续南下直达长江以北约 32°～33° N 附近。元代漕运的第一条航线虽然已利用偏南季风，但几乎全程在黄海沿岸流中逆水行舟，加以暗沙浅滩多，航行十分艰难。《海道经》详细地记载了这种情况。漕运"自刘家港开船，出扬子江，盘转黄连沙嘴，望西北沿沙行驶，潮长行船，潮落抛泊，约半月或一月余，始至淮口，经胶州、海门、浮山、牢山、福岛等处，沿山一路，东至延真岛，望北行驶，转过成山，望西行驶，到九皋岛、刘公岛、诸高山、刘家洼、登州沙门岛。开放莱州大洋，收进界河，两个月余，才抵直沽，委实水路难，深为繁重"。走这条航线，不仅慢，而且十分危险，沉舟损粮，时有发生。从至元二十至二十八年（1283—1291）的 9 年中，年平均损耗率达 8%。其中至元二十三年（1286），起运量为 578520 石，损耗量

144615 石，损耗率达 24.99%。这样惊人的损失与艰难的航行，使朝廷十分焦虑，改进航路已是迫在眉睫了。

至元二十九年（1292）开辟了第二条航路。这条航路是出长江口后较早向东进入到黑水洋。这样避开了黄水洋的暗沙浅滩，比原来安全得多，也部分避开了黄海沿岸流的逆水。航行中船只还部分利用了黑水洋中的黄海暖流，在夏季还利用了偏南季风，航行时间大为缩短，当年的损耗率便降至 3.26%。

为了寻找更经济更安全的航路，在总结这第二条航路的基础上，在至元三十年（1293），漕运船更大胆地闯入黑水洋，开辟了更佳的第三条航路。《元海运志》记载此航路，"从刘家港入海，至崇明三沙放洋，向东行，入黑水洋，取成山，转西，至刘公岛，又至登州沙门岛，于莱州大洋入界河"。这第三条航路更远离黄水洋，进一步摆脱暗沙浅滩的困扰，更大程度地避开了黄海沿岸流，最充分地利用了黑潮支流的黄海暖流和夏季偏南风。当时漕运起程大部在四五月，顺风顺水，航速最高可达 2 节（1 节 =1 海里 / 小时），《元史·食货志·海运》：从刘家港至直沽，"不过旬日而已"。走这条航路，漕运年损耗率大为下降，据至元三十至天历二年（1293—1329）37 年资料统计年平均损耗率已不到 2%。[1]

---

[1] 元代三条海运路线图，可参见章巽，《元"海运"航路考》，《地理学报》，1957 年第 1 期。

第二节　自然比较计量法

中国传统的技术成果看起来较笼统，似不精确，其实这是误解。所谓精确，整体论科学与还原论科学有着不同的观点和方法论。还原论方法过分追求单要素的精确，但其实我们面对的自然界现象大多是复杂性体系。单个要素的精确并不能保证整体的成功。中国古人在面对复杂性体系时是强调体系平衡和微调的，尽量做到恰到好处，从而保证真实的成功。所以下面介绍的自然比较计量法其先进性应从整体论去理解。

一、天文历算与唐宋潮汐表

唐大历中窦叔蒙用天文历算法得到潮汐周期为 12 小时 25 分 14.02 秒。一天有日潮、夜潮，两次潮汐应为 24 小时 50 分 28.04 秒。这个数据为半日潮区的逐日推迟数，很精确，与现代一般使用的 50 分很接近。

为了便于推算的理论潮时成果的应用，窦叔蒙制作了一种可查阅一朔望月中各日各次潮汐时辰的涛时图。此图已佚，但有学者已复原了《窦叔蒙涛时图》。（见图 4-3）根据此图，人们可以方便地查出一朔望月中任何一天的两次高潮时辰；也可以看月相方便地知道当天高潮时辰。当然，此图也可用于反查。

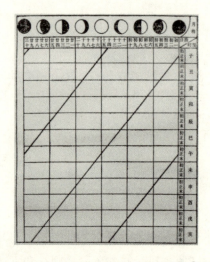

图 4-3　窦叔蒙涛时图（复原图）①

　　宋代张君房写有《潮说》，他继承发展了《窦叔蒙涛时图》，绘制了新的潮候推算图——《张君房潮时图》。《张君房潮时图》横坐标由月相改为"分宫布度"。纵坐标"著辰定刻"，即除继续用时辰表示，当时将一昼夜分为 100 刻。纵横两个坐标均有了较细的分划，所以张君房图自然精细得多。（见图 4-4）

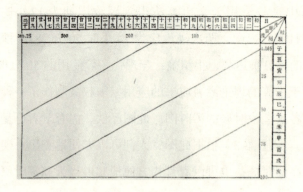

图 4-4　《张君房潮时图》（复原图）

---

① 引自徐瑜，《唐代潮汐学家窦叔蒙及其〈海涛志〉》，《历史研究》，1978 年 6 期，这里有所改动。

《潮说》中篇规定潮汐逐日推迟数约 3.363 刻。如果我们用近代计时单位，那么 3.363 刻相当于 48.39 分，近似于 0.8 小时。这与近代我国半日潮海区广泛使用的"八分算潮法"有着明显的关系。由此可见尽管中国古代没有八分算潮法这个名称，但张君房的潮时之推算法实为八分算潮法之滥觞。

宋代燕肃考虑到朔望月有大尽（大月 30 天）、小尽（小月 29 天）之分。如果均用同一潮汐逐日推迟数据（如张君房用的 3.363 刻），那么到月末几天潮时推算就很难准确，最后一天潮时也无法与下月初一时相衔接。为克服这个困难，燕肃的潮时推算采用两个潮汐逐日推迟数。因而总的来说，"终不失其期也"。

二、高潮间隙与《浙江四时潮候图》

实测潮汐表的发展开始于宋代，这与"高潮间隙"现象的发现有关。王充在《论衡・书虚篇》中提出潮、月同步的同时，紧接着指出，两者"大小、满损不齐同"，即潮月之间存在着间隙现象。这一发现与公元一世纪罗马老普林尼（Pliny the Elder, 23—79）在《自然史》中提出的高潮间隙现象几乎同时。宋代余靖在《海潮图序》中谈到东海海门潮候时说："此皆临海之候也，远海之处，则各有远近之期。"①明确提出高潮间隙与地理的关系。其后沈括《梦溪笔谈・补笔谈・象数》进一步阐述这一关系，指出"予常考其行节，每至月正临子、午，则潮生，候之万万无差，此以海上候之，得潮生之时。去海远，即须据地理增添时刻"。沈括在这里给现在所说的"（港口平均）高潮间隙"下了确切的定义，并且强调了天文潮汐表在各港口使用时，必须进行地理修正。在西方提出港口平均高潮间隙（establishment of a port）是 8 世纪早期的英国比德（Bede of

---

① 《海潮图序》，载《中国古代潮汐论著选译》，科学出版社，1980 年。

Jarrow，673—735）①。这与中国王充、余靖和沈括差不多是同时的。宋代对高潮间隙所下的定义，促使实测潮汐表的制订走上自觉的道路。

　　实测潮汐表的代表是东汉琼州海峡两岸的《马援潮信碑》和宋代吕昌明的《浙江四时潮候图》。李约瑟在谈到《浙江四时潮候图》时说："大英博物馆所藏的手稿中，有载明'伦敦桥涨潮'（flood at London bridge）时间的13世纪潮汐表可与此相比。在欧洲，这是最早的表。"②此《伦敦桥涨潮表》是1250年编制的，故《浙江四时潮候图》要早近2个世纪。

　　《浙江四时潮候图》是关于钱塘江杭州段的潮汐表，而《伦敦桥涨潮表》是泰晤士河伦敦段的潮汐表。两者均是古代港口城市的潮汐表。

　　《浙江四时潮候图》是北宋至和三年（1056）吕昌明编制的，收录于《咸淳临安志》。元末宣昭（宣伯�995）在杭州做官时，由于杭州是一郡首府所在，又靠江临海，商人聚集、船舶集中。当时正值战争，军队和信使渡钱塘江十分频繁，各种船舶往来都需要了解潮时以避钱塘江怒潮。为此宣昭寻求正确的潮汐表。宣伯裵《浙江潮候图说》："考之郡志，得四时潮候图，简明可信，故为之志而刻之于浙江亭之壁间，使凡行李之过是者，皆得而观之，以毋蹈夫触险躁进之害，亦庶乎思患而预防之意云。"③这里说的《郡志》是宋代《咸淳临安志》；《四时潮候图》即是《浙江四时潮候图》；浙江亭位于今杭州六和塔附近江边，今无存。（见表4-1）

①　M.B.Deacon,*Oceanography,Concepts and History*,Dowden, Hutchinson and Ross, Inc. 1978, p.129.

②　李约瑟，《中国科学技术史》，第4卷，科学出版社1975年，第781页。

③　宣伯裵，《浙江潮候图说》，《海塘录》卷二十。

表4-1　《浙江四时潮候图》

（载《咸淳临安志》卷三十一）

日期	日期	春秋同			夏			冬		
初一	十六	午末	大	夜子正	午末	大	夜子正	午末	大	夜子初
初二	十七	未初	大	夜子末	未初	大	夜子末	未正	大	夜子末
初三	十八	未正	大	夜丑初	未正	大	夜丑初	未末	大	夜丑初
初四	十九	未末	大	夜丑末	未末	大	夜丑正	申初	大	夜丑末
初五	二十	申正	下岸	晚寅末	申初	下岸	夜丑末	申正	下岸	夜寅初
初六	廿一	寅末	渐小	晚申末	寅末	小	晚申末	寅末	渐小	晚申末
初七	廿二	卯初	渐小	晚酉初	寅末	小	晚申末	卯初	小	晚酉初
初八	廿三	卯末	渐小	晚酉正	卯初	小	晚酉初	卯末	小	晚酉正
初九	廿四	辰初	小	晚酉末	卯末	小	晚戌初	辰初	小	晚酉末
初十	廿五	辰末	交泽	晚戌正	辰末	交泽	晚戌末	辰末	交泽	夜戌初
十一	廿六	巳初	起水	夜戌末	巳初	起水	夜亥初	巳初	起水	夜戌正
十二	廿七	巳正	渐大	夜亥初	巳末	渐大	夜亥末	巳正	渐大	夜戌末
十三	廿八	巳末	渐大	夜亥正	巳末	渐大	夜亥末	巳末	渐大	夜亥初
十四	廿九	午初	渐大	夜亥末	午末	渐大	夜子初	午初	渐大	夜亥正
十五	三十	午正	极大	夜子初	午末	大	夜子初	午正	渐大	夜亥末

《浙江四时潮候图》所以被刻石立于浙江亭是因为所记潮信"简明可信"。所以可信水平高是建立在两个基础上的：高潮间隙现象发现的科学基础；宋代钱塘江杭州段潮汐口诀的发展的历史基础。

宋代实测潮汐表，特别是潮候口诀的崛起是《浙江四时潮候图》的历史基础。宋代潮汐学家赞宁、燕肃、余靖、吕昌明等人，大都在现在的浙江、福建、广东等地验潮，对潮时、潮高进行实地观察和研究，就是因为东南沿海是当时国内沿海航线和中外远洋交通最繁忙的地区，这迫切需要简明可信的潮汐表。宋代潮汐学研究与唐代或更早的研究不同，主要不是哲学家、思想家兼任的，而是关心地方经济的人兼任的，有的本身是地方行政官。他们不再满足于纯思辨性的潮汐成因理论探索，也不再满足于用天文历算方法计算、编制的理论潮汐表。他们注重验潮，从而制订了更实用的潮汐表，特别是潮候口诀。

宋代钱塘江杭州段潮汐口诀的发展较早有历史基础。周春《海潮说》下篇中的"宋《咸淳临安志》有四时潮候图，盖即赞宁之法"，明确指出《浙江四时潮候图》是赞宁潮候口诀的直接发展。周春的判断是有道理的。赞宁为五代吴越国和宋初的名僧，出家杭州灵隐寺，对钱塘江怒潮十分熟悉并有长期的研究，因而编制了钱塘江潮候口诀。据元末明初陶宗仪在《南村辍耕录·浙江潮候》记载，赞宁编制了钱塘江杭州段潮候五言绝句式的潮候口诀："午未未未申，申卯卯辰辰，巳巳巳午午，朔望一般轮。"这15个时辰依次是一朔望月初一至十五每天的日潮高潮时辰，并通过"朔望一般轮"方法依次得到十六到三十每天日潮高潮时辰。陶宗仪在谈及此赞宁口诀时又指出："夜候则六时对冲，子午、丑未之类。"根据这一"对冲"原理，就可知赞宁口诀可包括这样一个夜潮口诀："子丑丑丑寅，寅酉酉戌戌，亥亥亥子子，朔望一般轮。"

吕昌明《浙江四时潮候图》是建立在赞宁、燕肃、余靖等潮汐学家对潮汐迟到现象的深刻认识和对钱塘江杭州段长期验潮基础上，所以是较精细的。但明显是沿着《赞宁钱塘江潮候口诀》发展的。赞宁口诀已包含两个基本内容：（1）一朔望月各天的日潮时辰；（2）一朔望月各天的夜潮时辰。这是潮汐表的基本项。而吕昌明《浙江四时潮候图》只是在时间和空间上更精确细化，时间上有多处细化。一年中按春、夏、秋、冬四季编制成 3 个表。一天中首先区分日（白天）、晚、夜三段；然后时辰细分为初、正、末三小段，如（日）巳时划分为巳初、巳正、巳末，晚酉时划分为晚酉初、晚酉正、晚酉末，夜丑时划分为夜丑初、夜丑正、夜丑末。潮汐高潮大小变化描述上细分为八类，依次为：起水、渐大、极大、大、下岸、渐小、小、交泽。

表4-2

《浙江四时潮候图》（钱塘江杭州段）	一朔望月各天的日潮时辰	一朔望月各天的夜潮时辰	春夏秋冬四表	时辰划分3段	潮高大小划分8类
赞宁	一朔望月各天的日潮时辰【朔望一般轮】	一朔望月各天的夜潮时辰【时辰对冲】			
吕昌明			春夏秋冬四季	时辰划分3段	潮高大小划分8类

由表 4-2 可知，吕昌明表与赞宁表继承脉络明确。可见，《浙江四时潮候图》也可以称之为赞宁—吕昌明《浙江四时潮候图》。

三、生物潮钟

古代有机论自然观和月亮文化观发达，不仅发现了潮月同步原理，创立了精确的理论潮汐表，发现了"高潮间隙"，而且也发现了生物潮钟。在中国古代浩如烟海的文献中有着大量海洋自然异常现象的记录，其中不乏生物潮钟现象，为此我们专门整理汇编了《动物应潮》年表①，反映出中国古代对于潮候的认识水平。根据已有记载，古代生物潮钟知识可分三类：

贝类、蟹类。海滩生态环境很特殊，潮未来时，这里暴露在空气中，潮来后，这里全在水下，生活在这里的贝类、蟹类等海滩动物有着明显的应潮现象。较多记载是一种招潮的小蟹，如《临海异物志》："招潮小如彭蜞，壳白。依潮长，背坎外向举螯，不失常期，俗言招潮水。"又有一种小蟹叫"数丸"，《酉阳杂俎》卷十七："数丸，形如蟛蜞，竞取土各作丸。丸满三百而潮至。"

潮鸡。海滩生物钟现象一般不认为是异常现象，但潮鸡的应潮现象应是异常现象。潮鸡现在几乎极少提到，但古代记载不算少。如《临海异物志》："石鸡，清响以应潮。"②

海兽皮应潮。活的海洋生物的应潮现象也可理解，但没有生命力的被剥离的干海兽皮有应潮现象确很难使人相信，但这在古籍中也确有多处记载。三国吴国陆玑的《毛诗草木鸟兽虫鱼疏·象弭鱼服》提到一种鱼兽（海兽）之皮，干之经年，每当天阴及潮来，则毛皆起。若天晴及潮还，则毛伏如故。晋代张华《博物志》："东海中有牛鱼，其鱼形如牛，剥其皮悬之，潮水至则毛起，潮去则复也。"对此现象，五代时潮汐学家丘光庭做了解释，还用此作为自己潮论的一个佐证。

既然海牛皮的半太阴日周期的应潮现象古代有多处记载，因而我们也不能轻易否定其存在性，乃至肯定是古人编造的。对于这类未知现象，现代的科学工作者似应重视。

---

① 宋正海、高建国、孙关龙、张秉伦，《中国古代自然灾异相关性年表总汇》，安徽教育出版社，2002年。

② 《临海异物志》，引自《太平御览》卷六十八。

四、航海罗盘

我国古代地文导航技术发达，所以在发明指南针后，很快使用到航海上，航海罗盘是中国发明的。北宋时已有指南浮针，也就是后来的水罗盘。宋代朱彧《萍洲可谈》叙述宋哲宗元符二年到徽宗崇宁元年间（1099—1102）的海船上已经使用指南针。宣和五年（1123）徐兢出使高丽，回国后著《宣和奉使高丽图经》描写这次航海过程说：晚上在海洋中不可停留，注意看星斗而前进，如果天黑可用指南浮针，来决定南北方向。这是目前世界上用指南针航海的两条最早记录，比1180年英国的奈开姆记载要早七八十年。

航海罗盘上定二十四向（方位），二十四向我国汉代早有记载。北宋沈括的地理图上也用到这二十四向。把罗盘三百六十度分做二十四等分，相隔十五度为一向，也叫正针。但在使用时还有缝针，缝针是两正针夹缝间的一向，因此航海罗盘就有四十八向。大约南宋时已有这四十八向的发明了。四十八向每向间隔是七度三十分，这要比西方的三十二向罗盘在定向时精确得多。所以三十二向的罗盘知识在明末虽从西方传进来，但是我国航海家一直用我国固有的航海罗盘。

古时船上放罗盘的场所叫针房，针房一般人员不能随便进去。掌管罗盘的人叫火长。明代《西洋番国志》说，选取驾驶人员中有下海经验的人做火长，用作船师，方可把针经图式叫他掌握管理。"事大责重，岂容怠忽。"可见航海罗盘是海船上的一个重要设备。

宋代已经有针路的设计。航海中主要是用指南针引路，所以叫做"针路"。记载针路有专书，这是航海中日积月累而成。这些专书后来有叫"针经"，有叫"针谱""针策"的。凡是针路一般都必写明：某地开船、航向、航程、船到某地。

五、莲子比重计

煮卤成盐须先测定卤水的盐度。卤水盐度测定法的最早记载是唐代，这正与制盐技术由直接煎煮海水发展到煎煮卤水的最早出现时间是一致的。用作盐度测定的比重计的材料较多，如莲子、饭粒、鸡蛋、桃仁、小鱼段等，但以莲子最广最多。

五代末北宋初的杭州灵隐寺名僧赞宁的《物类相感志》记载："盐卤好者，以石莲投之则浮。"稍晚记载是北宋《太平寰宇记》卷一三〇："取石莲十枚，尝其厚薄，全浮者全收盐，半浮者半收盐，三莲以下者，则卤未堪。"宋江邻几《嘉祐杂志》记载："吴春卿（育）任临安，召铺户，诘验盐法。云：'煮盐用莲子为候，十莲者，官盐也；五莲以下，卤水漓，私盐也。私盐色自红，烧稻灰染其色，以仿官盐，于是嗅以辨之。'自是不用铺户，能辨晓"。"考此，则仁宗时以五莲为漓，十莲为重"。[①]由此可见，吴育用的以及《太平寰宇记》记载的莲子比重计，比赞宁所记的有了改进，已考虑莲子本身比重有差别，即使相同卤水，莲子也有浮有沉。所以测定卤水盐度必须增加莲子数目（规定为 10 个），测定才较准确。综上所述可以说明，有关盐度比重测定法，唐代用饭粒测定，不如五代末北宋初杭州盐场用莲子测定准确。此法开始在盐民中流传，从宋仁宗时吴育开始，官方才第一次了解并接受用莲子比重计作为卤水质量管理的基本方法。

南宋时姚宽（？—1161）曾监浙江台州杜渎盐场。他正式采用莲子比重计作为卤水质量管理的工具。他在《西溪丛语》卷上记载："以莲试卤，择莲子重者用之。卤浮三莲四莲味重，五莲尤重。莲子取其浮而直，若二莲直，或一直一横，即味差薄。若卤更薄，即莲沉于底，而煎盐不成。"姚宽记载的莲子比重计法，比吴育所记的有以下较大改进：（1）所

---

① 《嘉祐杂志》，《能改斋漫录》卷十五。

用莲子要选择重的，这样莲子本身的比重就易统一，也就是说比重计本身开始标准化。（2）除了用莲子沉浮这个标准外，又加上浮出的莲子是横还是直这个辅助标准。横比直更反映卤水盐度高、浮力大。这样在盐度较高的卤水中又进一步划分了等级，这对盐业生产是至关重要的。吴育当时所用的莲子测盐度法只能划分两个等级：不漓和漓，而姚宽时已能划分四个等级：味尤重、味重、味差薄、更薄。

元元统时（1333—1335）陈椿任下砂盐场盐司，也用莲子测盐度法进行卤水质量管理。他在《熬波图》中记载："莲管之法：采石莲先于淤泥内浸过，用四等卤分浸四处。最咸卤浸一处（原注：第一等）；三分卤浸一分水浸一处（第二等）；一半水一半卤浸一处（第三等）；一分卤浸二分水浸一处（第四等）。后用一竹管盛此，四等所浸莲子四放于竹管内，上用竹丝隔定竹管口，不令莲子漾出，以莲管汲卤试之，视四莲管莲子之浮沉，以别卤咸淡之等。"由此可见，陈椿对莲子比重计又有重要改进：（1）采用莲子中的专门一种，使比重稳定。对石莲又用湿泥事先处理过，这样在使用中，莲子比重计本身比重不易有大的变化，这就促进了比重计本身的标准化。（2）利用已知比重液（已知不同盐度的卤水），先对莲子本身比重进行测试和分级，这样就有四个已知等级的莲子比重计。用此系列化的比重计进行质量管理，可以达到更精确化。

明代对莲子盐度测定法又有改进。明陆容《菽园杂记》卷十二："以海水倾渍池中、咸泥。使卤水流入井口，然后以重三分莲子试之。先将小竹筒装卤入莲子于中，若浮而横倒者，则卤极咸，乃可煎烧；若立浮于面者，稍淡；若沉而不起者，全淡，俱弃不用。此盖海新泥及遇雨水之故也。"由此可见明代又有如下改进：（1）规定所用莲子重量统一，为三分，使之更标准化。（2）进一步考虑到卤水盐度本身的变化情况。海水引入盐池后，其中盐分要被池中无盐的新泥吸收些，使盐度因而减少。同时，卤水遇雨水后，盐度也会冲淡。这种结合卤水盐度动态变化的质量管理，不仅可确定此池卤水是否可用于煮盐，并且可进一步指导此池以后的卤水生产。

六、海拔、水城高程

"海拔"也称绝对高程。在大范围工程特别在跨流域水利工程中，海拔是进行高程测量的统一的标准。海拔是由"平均海水面起算的地面某高度"。由于潮起潮落，海面高程不断变化，所以采用平均海水面作为大地绝对高程测量的零点。海拔概念的提出和高程确定是潮汐学的一项重要成果。元代郭守敬（1231—1316）最早提出"海拔"概念。元代齐履谦在郭守敬的传记中写道：郭守敬"又尝以海面较京师至汴梁地形高下之差"。[①]这里清晰地记载了郭守敬以海平面来作为比较地形高低（海拔）的标准，这在我国测量史、地学史和海洋学史上的进步意义是十分重大的。

关于用平均潮高确定海平面高程在古代水城（军港）码头高程确定中有应用。蓬莱古水城是宋元明清海防要地，为我国沿海仅存的古军港。港口码头高程必须根据多年的潮高观测数据来确定，以保证最低潮时有一定水深，最高潮时码头又不被淹没。水城内码头高程为3.2米。这是符合当地潮汐涨落情况的。1949年后，水城西不远处建的新码头高程为3.2～3.4米，这也进一步证实古码头高程的确定是有多年潮高观测数据作根据的。

---

① 齐履谦，《知太史院事郭公行状》，《国朝（元）文类·行状》。

第三节 海洋技术谚语

一、潮谚

潮候谚语是广大水手、渔民在世代活动中得到的认识，产生很早。由于顺口、易记，使用方便，所以长期流传，但也只是在民间流传，很少被记载下来。目前流传的谚语，有的可能源远流长，可惜已无法考证清楚。不管怎样，潮谚是实测潮汐表的一种原始形式。

潮谚在中国古代不同海区均有，1978 年中国古潮汐史料整理研究小组进行收集整理。其中半日潮潮谚占主要比例。潮谚有繁有简，一般比较简单。例如：

浙江省宁波一带有"月上山，潮涨滩"谚语。指月亮出来以后，潮水才开始上涨，逐渐把海滩淹没。

上海一带有"初一、月半午时潮"。

明代台湾海峡的福建漳州一带有"初一、十五，潮满正午。初八、二十三，满在早晚。初十、二十五，暮则潮平"。今日在台湾西部沿海仍有相似潮谚："初一、十五，潮至日中满。初八、二十三，满平在早暮。初十、二十五，暮则潮平。"

潮谚中较复杂的为潮候歌。例如：

浙江一带有《潮涨歌》："寅寅卯卯辰，初一轮初五；辰辰巳巳子，初六初十数；子子丑丑寅，十一挨十五。"此歌形式类似于赞宁的潮候口诀。

上海一带有《潮候歌》："十三并二十七，潮长日光出。二十九、三十日，潮来吃昼食。十一、十二，吃饭不及。二十五、二十六，潮来晚粥……"这首歌把一个月中一些不易记忆的潮候和最平常的吃饭时间配合起来，便于记忆。

二、"天神未动，海神先动"

对海洋风暴预报必须尽最大可靠性，以确保生命安全。预报关键是可靠，有关方法很多，不拘一格。古代的方法是广泛观测宏观自然变动，进行分析研究，以达到较准确地预报。其中最为渔民、水手所熟悉的是所谓"天神未动，海神先动"，也就是说，在海洋风暴来临之前，海中已有异常。这些异常已被广泛用于预报。这方面记载较多。如《梦粱录》卷十二："见巨涛拍岸，则知此日当起南风。"《田家五行·论风》："夏秋之交，大风及有海沙云起，俗呼谓之风潮。"《天文占验·占海》："满海荒浪，雨骤风狂"，"海泛沙尘，大飓难禁"。《东西洋考》《海道经》中均有"海泛沙尘，大飓难禁"的记载。《舟师绳墨·舵工事宜》："天神未动，海神先动。或水有臭味，或水起黑沫，或无风偶发移浪，礁头作响，皆是做风的预兆。"《台海纪略·天时》："凡遇风雨将作，海必先吼如雷，昼夜不息，旬日乃平。""海神先动"还包括海洋生物异常。《本草纲目》卷四十四："文鳐鱼……有翅与尾齐，群飞海上，海人候之，当有大风。"戚继光《风涛歌》："海猪乱起，风不可已"；"虾龙得纬，必主风水"。[①]《东西洋考》《海道经》均有"蝼蛄放洋，大飓难当""乌鲗弄波，大飓难当""白虾弄波，风起便知"等记载。《测海录》称："飓风将起，海水忽变为腥秽气，或浮泡沫，或水戏于波面，是为海沸，行舟宜慎，泊舟尤宜防。"《采硫日记》卷上："海中鳞介诸物，游翔水面，亦风兆也。"

① 《风涛歌》，同治《福建通志》卷八十七"风信潮汐"。

古代还认为海鸟乱飞也是台风征兆，可用于预报。《风涛歌》："海燕成群，风雨即至。"《顺风相送·逐月恶风条》也称："禽鸟翻飞，鸢飞冲天，具主大风。"《墨余录·海鸟占风》则详细记载了风暴前兆情况："岁辛酉八月十九日夜间，满城闻啼鸟声，其音甚细，似近向远，闻者毛发洒然皆竖，在乡间亦然……余以滨海之鸟，恒宿沙际，值海风骤起，水涨拍岸，鸟翔空无所栖止。故哀鸣如是。此疾风暴之征也。当于日内见之。翌日，滨海果大风雨，二日始止。"《东西洋考》《海道经》的"占海篇"均介绍海洋生物的台风前兆现象。使人更感兴趣的是，古人认为，不仅海洋生物，而且船中的其他生物也有台风前兆现象，如《唐国史补》卷下："舟人言鼠亦有灵，舟中群鼠散走，旬日必有覆溺之患。"

三、"正乌二鲈"

鲻鱼养殖明代已有记载。黄省曾所著《养鱼经·一之种》："鲻鱼，松之人于潮泥地凿池，仲春潮水中捕盈寸之者养之，秋而盈尺，腹背皆腴，为池鱼之最，是食泥，与百药无忌。"明胡世安又较详细地记载了鱼苗的选择问题，《异鱼图赞补·闰集》："流鱼如水中花，喘喘而至，视之几不辨，乃鱼苗也。谚云'正乌二鲈'，正月收而放之池，皆为鲻鱼，过二月则鲈半之。鲈食鱼，畜鱼者呼为鱼虎，故多于正月收种。其细似海虾，如谷苗，植之而大。流鱼正苗时也。"胡世安所记的采苗经验，是有科学道理的。时至今日，福建渔民仍然有"正月出乌，二月出鲈"的说法，即正月采鲻鱼苗，二月采鲈鱼苗。

第五章　世界海洋论

在古希腊，有关世界构成的理论有大陆论和海洋论两种。大陆论认为世界以陆地为主，这可以托勒密（C.Ptolemaeus，约90—168）的世界地图为代表，海洋论则认为世界以海洋为主，陆地被广大海洋所围绕，这可以赫卡泰的世界地图和埃拉托色尼（Eratosthenes，约前275—前194）的世界地图为代表。

　　中国古代也有这样两种理论，盖天说主张世界以陆地为主，广袤的陆地与天穹相接。这种世界陆地论曾引发天圆与地方之间的理论困难。孔子的学生曾参（前505—前436）指出圆的天穹无法盖住方的大地的四个角。盖天说主张世界陆地论显示了中国传统大陆文化的特点。而浑天说则主张世界以海洋为主，陆地只是大洋中的大陆岛而已。这充分显示出中国传统海洋文化的特点。

第一节　百川归海

早在先秦，水流千里必归大海已是很清楚的。《诗经·小雅·沔水》："沔彼流水，朝宗于海。"《禹贡》："江汉朝宗于海。"到汉代已形成百川归海的成语。

正是陆地的水经百川归海日夜不停，海洋才成为最大水体。反过来，也正因为海最大最低，才引发陆上百川归海，所以在古代海洋就得到了"巨海""大壑""巨壑""百谷王""无底""天池"等称呼。由此可见，早期的世界海洋论只是大陆上百川归海一种天才的推论，还只是大陆文化的一种延伸。

第二节　大瀛海

在百川归海的基础上，古人对海洋的深和大已有深刻认识，很自然得出世界海洋论的思想。庄周、邹衍又进一步明确海洋和陆地的大小关系。

庄周（约前369—前286）一方面在《庄子·秋水》中说中国十分小，"计中国之在海内，不似稊米之在太仓乎？"另一方面又强调海洋之巨大，"夫千里之远，不足以举其大。千仞之高，不足以极其深。禹之时，十年九潦，而水弗为加益。汤之时，八年七旱而崖不为加损。夫不以顷久推移，不以多少进退者，此亦东海之大乐也。"

战国邹衍（约前305—前240）则提出大九州说，认为："儒者所谓中国者，于天下乃八十一分居其一分耳。中国名曰赤县神州，赤县神州内自有九州，禹之序九州是也。不得为州数。中国外，如赤县神州者九，乃所谓九州也。于是裨海环之，人民禽兽莫能相通者，如一区中者，乃为一州。如此者九，乃有大瀛海环其外，天地之际焉。"①

---

① 《史记·孟子荀卿列传》。

第三节 浮天载地

中国古代影响深远的世界海洋论是在邹衍大九州说基础上形成的浮天载地的浑天论。《张衡浑仪注》："浑天如鸡子，天体圆如弹丸，地如鸡中黄，孤居于内。"又说"天地各乘气而立，载水而浮"。在邹衍大九州说中没有明确陆地（大小九州）是否有陆根，但在张衡浑天论中已明确指出这些陆地实无根而是浮于海上的。这是浑天论及其建立在其上的天地结构论潮论的一个致命的弱点。东汉时《玄中记》说："天下之多者水也，浮天载地。"[1]更明确浮天载地的思想。

关于巨大的陆地所以能浮在海洋水面上，古代是有论述的，即提出海水（卤）较重，故大量海水能浮起大陆，如唐代卢肇《海潮赋》解释："载物者以积卤负其大……华夷虽广，卤承之而不知其然也。"

既然陆地浮于海，天又包着它们，因此在浑天说基础上发展起天地构造论潮论，认为潮汐所以有周期性，是因为某种力量使海水周期性冲击陆地。

海洋论的代表浑天说和大陆论的代表盖天说，曾长期共同发展，但自唐代一行和南宫说的天文大地测量后，"浑天说完全取代了盖天说，一直

---

[1] 《玄中记》，《水经注·原序》引。

到哥白尼学说传入我国以前，成了我国关于宇宙结构的权威学说"[1]。天地构造论潮论也得以迅速崛起。

① 中国天文学史整理研究小组编著，《中国天文学史》，科学出版社，1981年，第164页。

第六章　地平观、海平观

　　地平大地观是中国古代传统地球观。一般讲海洋文化是容易产生球形大地观的。古希腊较早由地平大地观进入到球形大地观。其中一个重要证据是在海岸上观看船舶进港时，最先见到船的桅杆，然后是船身；出港时，最先消失的是船身，最后是桅杆。这种现象在中国沿海也是司空见惯的，但是，由于传统地平观的深刻影响，所以从未见有记载。中国古代也没有用此作为证据来推论海面是曲面而不是平面。

　　在齐鲁、燕赵的海洋文化的基础上，战国末邹衍创立大九州说，这是一种非正统的海洋地球观，中国从"地中"（世界中心）位置移到一个普通的位置上。①但在大地形状问题上并未有本质变化，中国古代不仅没有改变地平观还明确坚持海平观。邹衍大九州说认为世界大洋是平的，大地只是浮在平的大洋上的 81 个州，中国所在的赤县神州，只是其中之一，所以自然谈不到有球形大地观。中国传统海洋文化中不仅地平而且海平，没有球形海洋观是其明显的特点。

　　在地球上，陆地和海洋面积虽有差异，但共同组成地球表面。因此我们讨论世界海平观实际根本是讨论地球形状即讨论地球观还是地平观。所以本文阐述世界海平观可以直接阐述地平大地观，因此要基本介绍我们 1986 年发表的《中国古代传统地球观是地平大地观》一文。其间适当反映地平大地观在海洋文化中的应用以及我们对英国孟席斯有关郑和航海到达美洲以及进行环球航行的辩论成果。

---

① 　郭永芳、宋正海，《大九州说——中国古代一种非正统的海洋开放型地球观》，《大自然探索》，1994 年 2 期。

　　关于中国传统地球观是球形大地观还是地平大地观，历来分歧很大。20 世纪 80 年代前，学术界基本倾向是球形观。80 年代以来学术界基本倾向则是地平大地观，但目前并不能说这一问题已彻底解决。有关地平观的看法有一批论文和一本专著从不同角度进行了论证。主要论文有：1962 年唐如川的《张衡等浑天家的天圆地平说》[①]、1983 年宋正海、陈传康的《郑和航海为什么没有导致 "地理大发现"？》[②]、1985 年金祖孟的《试述 "张衡地圆说"》[③]、1986 年宋正海的《中国古代传统地球观是地平大地观》[④]、1986 年王立兴的《浑天说的地形观》[⑤]、1986 年郭永芳的《西方地圆说在中国》[⑥]、1986 年华同旭的《论中国古代的大地形状概念》[⑦]。专著是 1991 年金祖孟著《中国古宇宙论》[⑧]。

　　我国传统科学中有没有球形大地观，是我国科学史上一个有争议的问题。流行的说法，认为我国古代已有这种大地观。那么，为什么人们会得出中国古代有球形大地观的结论呢？因为人们对引以为据的两条史料，作了不妥当的解释。张衡《浑天仪图注》说："浑天如鸡子。天体圆如弹丸，地如鸡中黄，孤居于内。天大而地小。天表里有水，天之包地，犹壳之裹黄。"《庄子・天下篇》引惠施的话说："南方无穷而有穷"，"我知天下之中央，燕之北、越之南是也。"这两条史料从字面来看，似乎是把大

① 唐如川，《张衡等浑天家的天圆地平说》，《科学史集刊》，1962 年第 4 期。

② 宋正海、陈传康，《郑和航海为什么没有导致 "地理大发现"？》，《自然辩证法通讯》，1983 年 1 期。

③ 金祖孟，《试述 "张衡地圆说"》，《自然辩证法通讯》，1985 年 5 期。

④ 宋正海，《中国古代传统地球观是地平大地观》，《自然科学史研究》1986 年 1 期。

⑤ 王立兴，《浑天说的地形观》，《中国天文学史文集》第 4 集，科学出版社，1986 年。

⑥ 郭永芳，《西方地圆说在中国》，《中国天文学史文集》第 4 集，科学出版社，1986 年。

⑦ 华同旭，《论中国古代的大地形状概念》，《自然辩证法研究》，1986 年第 2 期。

⑧ 金祖孟，《中国古宇宙论》，华东师范大学出版社，1991 年。

地看作球形。然而，"例不十，法不立"，根据孤证作出结论本来就是不妥当的，何况这两段话同浑天说整个理论体系还有矛盾。关于这两段话本身的含义，争论已经够多，可以不必再去分析解释；倒是暂且放下这两条有争议的史料，对中国古代与大地形状密切相关的各学科作一番考察，看一看中国古代究竟对大地如何看法，实际上我国古代所有有关大地形状的学科，如测量学、地图学、航海学、潮汐论等，无一不是从地平观念出发的，球形大地的说法是很难找到的。

第一节　传统地图绘制（技术）系统

地图是按一定法则，显示地面自然和人文现象的图。地球是球形，表面是一个不可展开的曲面，绘制地图时，由曲面变成平面，地表面各点（地形、地物）的相对位置必然与实际不同，这就是地球曲率半径引起的制图误差。这种误差的大小在不同比例尺的地图中是不同的。小范围或较小范围的地面近似平面，在实际制图中可以不考虑这种误差。由于图幅大小一般变化不大，这类地图的比例尺通常是大的或较大的。反之，在大范围或较大范围地面的地图中，地球曲面十分明显，就不能不考虑这种误差了。为了减少误差，需要采用另一种制图技术。这类图的比例尺通常是小的或较小的。鉴于上述两者之间的本质差别，我们可以把前一种地图及其相应技术称为大比例尺地图（技术）系统，而把后一种称为小比例尺地图（技术）系统[①]。由于以上种种，我们可由小比例尺地图（技术）系统的有无，推知中国古代地理学中有无大地球形观。

古希腊学者认为大地是球形，所以他们的地图学迫切要求解决如何在平面图上表现球形大地的问题，于是发展起经纬度、经纬网和地图投影的理论和技术。托勒密继承古希腊地图学的成就，他的《地理学》一书中搜

[①] 这种大小比例尺地图（技术）系统的划分，是1983年我们在中西传统地图学的对比研究中提出来的。这里比例尺大小划分的具体标准，并不一定要与现代地图比例尺划分的定量标准相同。

集有 800 多个地方的经纬度。他建立起地理经纬网，并创立两种地图投影法。他还亲自用正轴圆锥投影法编制了世界地图。由此可见，古希腊传统地图学属于小比例尺地图（技术）系统，而托勒密是这系统的奠基人。

中国古代地图学也很发达，已达到一定水平。晋代裴秀（224—271）总结传统制图经验，创立平面测绘的"制图六体"和拼接、缩制地图的"计里划方"法。显然这些制图理论和方法均以平面大地为基础，根本没有考虑大地是球形，甚至连拱形也没有考虑。这种制图理论和方法适用于绘制小范围的大比例尺地图，可以不影响地形地物平面位置的精度。一个明显的例子是西汉马王堆三号汉墓出土的地形图。此图图幅的中心部分的精度是相当高的[①]。由此可见，中国传统地图学属于大比例尺地图（技术）系统，裴秀是该系统的奠基人。但是中国古代地图学中从来没有像古希腊那样发展大范围的小比例尺制图技术，没有经纬度[②]、经纬网，更没有地图投影。不仅小范围的区域图是这样，就是现存的全国地图《华夷图》《禹迹图》等，尽管比例尺很小，也仍然没有采用小比例尺地图技术。全国地图的编制受到朝廷的重视，因而有优异的物质、技术条件，但仍没有发现地球曲率半径所产生的制图误差，也无法消除这种误差，所以图上边远地区的精度很差，更远的域外各国就无法标绘出确切位置，而只能以文字说明之。由此可见，中国古代的地图（技术）系统中，没有大地球形观念。

---

① 参阅张修桂《马王堆汉墓出土地形图拼接复原中的若干问题》一文，见《自然科学史研究》，第 3 卷第 3 期（1984）。

② 天文学史论著普遍提到中国古代（地理）纬度测量，也有文章提到中国古代有地理经度概念，暂不论地理纬度、地理经度这些提法是否合适，我们至少可以说这些天文学上的成果没有在中国古代地图技术中产生影响。

第二节 所谓的"地理纬度测量""地球子午线测量"和"地球大小测量"

天文学论著中，经常提到中国古代的（地理）纬度测量，但如果认真推敲，这种称呼是不够妥当的，因为从本质上说，这种测量和今天的（地理）纬度测量是两回事。中国古代的（地理）纬度测量，指春分、秋分时或夏至、冬至时正午的太阳高度测量，或任何时候的北极出地高度测量。但其中更明确讲是（地理）纬度测量的，乃是后者，事实上这也确实成为今天地理纬度测量的一种基本方法。因此，有必要对古代这种测量法加以分析，从中探索有无大地球形观念。

在南北方向的不同地点所见北极星在天空的高度不同，这一现象在古代东西方均早已发现，而这项发现是很重要的。在科学史研究中，为了阐明历史上某种成果的科学意义，从而给此成果冠以现代名称，是常有的事。因此，把上述发现称为（地理）纬度测量本来也是可以的。但目前的问题是，已发觉这种名称上的通融给人们带来了概念上的混淆，因而在古代大地形状问题的研究中产生了假象，这就需要深入分析古代东西方这一发现的本质。

在科学史工作者把古代天文学上这一成就称作（地理）纬度测量之前，（地理）纬度已是科学上常用的术语。纬度是球面坐标的纵坐标，是以球形为前提的，地理纬度也不例外①。但是古代对北极出地高的测量及对地区差异的认识，并不与大地球形观发生必然联系，因为如果大地是平的，甚至是微凹的，也可有北极出地高度因地而异的现象。当然今天情况已经不同，大地为球形已是一种普通常识。从这种常识出发，自然可把某地的北极星高度说成该地的地理纬度。但在大地为球形尚未成为常识的中国古代，情况就不相同。我们对一种成就的阐述不能不考虑其历史背景，因此，我们不能轻易把某地的北极星高度测量说成该地的地理纬度测量。

古代中国和古代希腊情况不同。古希腊早有大地球形思想，毕达哥拉斯（Pythagoras，前580至前570之间—约前500）学派最早从哲学的角度，提出大地应为完善和谐的球形。其后阿那克萨哥拉（Anaxagoras，约前500—约前428）提出经验性证明。最后亚里士多德（Aristotle，前348—前322）集前人之大成，进行了系统论证。古希腊人正是在传统的球形大地观指导下，才把北极星高度因地而异的现象作为大地球形的一个重要论据。但古代中国虽也有这种发现，却并没有这种论证大地为球形的应用。为什么会这样呢？谁都知道，是因为天圆地方说在我国历史上有广泛的影响。"天道圆，地道方"，这套理论在封建王朝的天地理论体系中占据正统地位。直到明末西方传教士利玛窦（Matteo Ricci，1552—1610）将地圆说传入中国时，一开始地圆说仍然遭到强烈反对，后来才逐渐被接受。这时，有些学者开始从中国古代文献中寻找地圆说，于是浑天说中的"地如鸡中黄"被发掘出来了，各地北极出地高的测量也被称为（地理）纬度测量，接着又发掘出僧一行、南宫说测量地球大小。但是，中国古代地平大地观的影响是如此强大，以致人们这些说法不仅证据很少，而且在学术上缺乏说服力，人们对它们的认识有着很大的分歧。所以，既然中国古代地圆说是否存在还需要进一步发掘和论证，既然中国古代事实上地平

① 参阅《地理学辞典》（上海辞书出版社，1983）"纬度"条；又参阅 W.G. 穆尔《地理学辞典》（中译本，商务印书馆，1980）"Latitude 纬度"条。

大地观占据统治地位，那么我们在当前的科学史研究中，就应当把古代的北极出地高测量同（地理）纬度测量区别开来，不能轻易地把以地平大地观为指导而进行的北极出地高测量，说成是以球形大地为基础的（地理）纬度测量。正是由于这种概念上的混淆和转换，很容易把地平大地观指导下的科学成果变成大地球形说的证据，这是科学史研究中应当注意避免的一个问题。

　　一些科学史著作在叙述中国古代北极出地高测量时，其所以冠以（地理）纬度测量之名，目的不外是强调这项古代成果的科学价值，换言之，就是要用这种测量来证明地圆说在中国古代的存在。由此可见，中国古代地圆说问题本来应当是作为一个命题来论证的，根本不能作为一个前提来推出其他什么结论。但在这些著作的叙述中，却又忘记了这一最初的目的，竟把中国古代地圆说这个本来应加以论证的命题，看作已经定论的东西，有意无意地把它当作讨论问题的前提。正由于有了这个前提，自然就可以不经证明而把北极出地高测量说成（地理）纬度测量。既然肯定中国古代有了（地理）纬度测量，自然不仅可以把地面南北方向（子午方向）的纬度测量说成子午线测量，而且还可以把这条子午方向的线认作地球子午圈上的一段弧线，于是直线便被看成弧线了。而既然肯定中国古代有了地球子午线测量，自然不仅可以把子午线测量说成是地球大小测量，而且还可以说比古希腊埃拉托色尼的地球测量更胜一筹，因为中国还实测了地面两观测站间的距离。如此等等，评价越来越高，而这种评价的客观性也就越来越小了。实际上，其所以会一步步产生这样的结论，是由于一种逻辑上的疏忽，即误将应加以证明的东西当作了前提。

　　中国古代被称为（地理）纬度测量的有不少次，但本文只讨论唐朝僧一行和南宫说的那次测量。这是因为那次测量不仅被说成是子午线测量和地球大小测量，而且人们认为自那次测量取得成功之后，"浑天说完全取代了盖天说，一直到哥白尼学说传入我国以前，成了我国关于宇宙结构的

权威学说"①。因此，对这次测量进行分析，是探索中国古代大地球形观的一个关键性的工作。

唐开元十二年（724）僧一行和南宫说进行了规模宏大的大地测量，其中在豫东平原进行的测量很有意义，先后得到两个成果。首先，他们发现，从滑县到上蔡的距离是 526.9 里，日影已差 2.1 寸，即相距 251 里，影长差 1 寸。这就第一次用实测推翻了长期被奉为经典的日影长度千里差一寸的说法，②是一次重大的革新。接着，他们进一步比较数据，"结果发现：影差和南北距离的关系根本不是常数，于是改用北极高度的差来计算"③，从而得出地上南北相差 351.27 里，北极高度相差 1 度的结论。这无疑是科学史上应当充分肯定的一项成就；但是，如果说这一工作是测量了地球的大小，是用实验方法证明了大地为球形，那是不切合实际的，因为自始至终和大地为球形的思想没有什么联系。

如果浑天家一行及其合作者真的有大地为球形的认识，并且要用实验的方法来加以证明，或退一步说，如果他们开始时没有上述认识和打算，但当他们发现北极高度差和南北距离的关系是常数，并且测得子午线 1 度的地面长度后，就产生了大地为球形观念，那么他们就会像埃拉托色尼那样，立即将所测得的子午线 1 度之长（351.27 里）乘以圆周度数（365.25 古度），就轻而易举地求得子午圈的长度，从而测得地球的大小。但是一行等人没有跨出这关键性一步。他们之所以在这方面缺乏科学敏感性，是因为精通浑天理论的他们，思想中本来就没有球形大地观念，因而也没有子午圈概念和地理纬度概念。虽然他们在豫东平原选择在南北方向（子午

---

① 中国天文学史整理研究小组编著，《中国天文学史》，科学出版社，1981 年，第164 页。

② 在此以前，隋仁寿四年（604）刘焯（544—610）上《皇极历》时，已否定日影长度千里差一寸的说法。

③ 《中国天文学史》，科学出版社，1981 年，第 164 页。

方向）上布点测量，可以说明他们已知在这个方向上北极出地高变化最大，但不能说明他们已知这条子午方向线不是一条直线，而是圆形的子午圈上的一段弧线——子午线。因此，尽管我们可以把他们的测量称为子午线测量，在他们的思想上这条线却不是弧线，再延长下去也不会形成一个圆形的地球子午圈。这样，他们自然不可能在这个方向上再进一步去测出地球的大小，更谈不上要用实验方法去证明大地为球形。

元代天文学家札马鲁丁在中国造了一个地球仪，直观地表示了大地的形状。此事载入了史册——《元史·天文志》，但当时在中国并未产生什么影响。关于这一点，看来只能用中国天算家长期以来坚持传统的地平大地观来加以解释。

第三节　远洋航行

　　远洋航行非考虑大地的形状不可。在古希腊，不仅主要为航海服务而发展起来的大范围小比例尺地图（技术）系统和大地球形观念密切相关，而且在选择航线时也常考虑到大地为球形，以及东行可以西达、西行可以东达的问题，借以缩短航程，甚至推测新大陆的存在。狄西阿库斯（Dicaearchus，前350—前285），首次确立一条通过直布罗陀海峡的地球基本纬线。埃拉托色尼根据这条基本纬线推断出，如果没有大西洋，即可从西班牙沿此线到达印度。斯特拉波（Strabo，约前64—约后21）曾明确预言新大陆的存在。自此之后，有关向西航行大西洋可以到达东方印度的问题，在学术界时常被提到。即使在欧洲中世纪黑暗时代，古希腊的球形大地观也并未完全消失，中世纪有关对跖地①是否存在的长期争论，正可说明这一点。而这种争论不断激发着人们远航猎奇的欲望。1483年出版的法国彼埃尔·达伊（Pierre d'Ailly，1351—1420）的《世界面貌》（*Imago Mundi*）一书引用了古希腊学者的论述，证明自西班牙海岸向西到印度东海岸之间的海洋比较狭窄，是一条到印度的近路。1474年意大利托斯卡内利（Paolo Toscanelli，1397—1482）把送给葡萄牙神父的一张世界地图的副本和一封信交给哥伦布，阐述了经大西洋到达东方"盛产香料和宝石的最富庶的地方"的航线。所以，哥伦布决心向西方航行，并非纯

---

① 指地球另一面与自己所在地相对的地方。

粹是冒险，实际上他是受到《世界面貌》一书的启发，又得到托斯卡内利的鼓励和帮助的。

中国古代远航事业很早，汉武帝时（前140—前87），中国楼船已进入印度洋，到达黄支国（今印度马德拉斯附近）和已程不国（今斯里兰卡）[①]。唐代远航事业发展空前，当时中国海舶在东西洋航线颇有名气，外国商人来中国，往往愿意搭乘中国海船。明永乐三年（1405）到宣德八年（1433），郑和（1371或1375—1433或1435）领导的庞大船队七下"西洋"，最远到达红海沿岸和非洲东部赤道以南的海岸。船队在规模、装备、航海技术等方面，是当时以及后来地理大发现时代任何国家的船队所望尘莫及的。但是，中国古代的远洋航行没有一次考虑到大地是球形的，没有人根据球形大地观来设计新航线。

中西古航海图也属于两个不同的系统。西方航海或用经纬度或用海港航向的地图。用这类图导航，从方法上讲主要是天文导航的定向逼近法。中国航海用对景图，如明代《筹海图编》中的图或《郑和航海图》等。这种航海图不仅没有目的港的经纬度，而且也没有目的港的航向，图上所绘的目的港位置和方位，也并非是实际的位置和方位。用这种航海图导航，无论在开始还是中途，均不知目的港的确切方向，只是利用航线各处的山形、水势、星辰位置等来判别船舶的位置，这样一步步地前进。用这种图导航，从方法上讲主要是地文导航的线路逼近法。对景航海图是没有考虑大地为球形的。

战国时，在航海发达的齐国出现了一种非正统的海洋开放型地球观[②]——邹衍的大九州说。说它是非正统的，是由于它已跳出中国为世界中心这一传统观念，而看到世界之大。邹衍说："儒者所谓中国者，于天

---

① 见《汉书・地理志》。

② 参阅郭永芳、宋正海《大九州说——中国古代一种非正统的海洋开放型地球观》，见《大自然探索》，1984年第2期。

下乃八十一分居其一分耳。中国名曰赤县神州。……中国外，如赤县神州者九，乃所谓九州也。于是有裨海环之，人民禽兽莫能相通者，如一区中者，乃为一州。如此者九，乃有大瀛海环其外，天地之际焉。"①显然在邹衍大九州说中，这个天包水，水包地……大地载水而浮的模型，与后来占统治地位的浑天说是有继承关系的。在大九州模式中，世界有八十一州，每一州都十分巨大，彼此又被海洋分隔，相距很远，所以它们的分布范围是十分广阔的。中国古代一直认为海面是平的，可以肯定这分布十分广阔的八十一州也是在一个平面上。因此，要把如此广阔的八十一州分布的平面说成是球形大地的一部分，那就远比把浑天说中描述不清的大地说成球形困难多了。由此可见，在与航海有关的大九州说中，也没有大地球形观。

与大九州说有关的一些远航探索活动，如在此以前的有关三神山的探索②，以及在此以后的入海求长生不老药③，其中都看不到有关东行西达和西行东达的议论，也看不到像古希腊那样从球形大地观出发去寻求未知的土地。在秦汉之后的漫长封建社会中，中国从来没有发生过像欧洲中世纪那样的关于对跖地的争论。在这类问题上长期寂然无声，只能说明在中国的封建社会中，地平大地观占绝对优势地位。中国古代有通向西方的要求，然而尽管海陆两条"丝路"自然条件都十分恶劣，却从来没有人提出要寻找向东的新航路，以便到达"西洋"的黄支国和已程不国，或更远的大食国和大秦国。到了较晚的时期，郑和七次远航，也始终没有从球形大地观出发来探索新的航线。

---

① 见《史记·孟子荀卿列传》。

② 见《史记·封禅书》。

③ 见《史记·秦始皇本纪》。

第四节　传统潮汐成因理论

潮汐是由月球和太阳对海水的引力和地球的不断自转相配合而形成的，所以对潮汐成因理论的分析可以验证中国古代有无球形大地观念。

中国古代对潮汐的成因很注意，有关潮汐成因的说法至少可分为三大类：第一类在早期，把潮汐的形成归因于神龙变化、海鳅出入海底洞穴、伍子胥的愤怒等等，这种神话式的说法影响不大。第二类是依据元气学说和阴阳理论，认为海水和月亮均为阴类，彼此同气相求、相互感应而形成潮汐。第三类被称为构造论的潮汐论[①]，认为大地浮于水，水受到某种外部冲击涌上大地，就成为潮汐。这第三类说法并不占正统地位，影响也不大；但值得注意的是，它们都用当时占统治地位的浑天说宇宙模式来探讨潮汐的成因，涉及大地形状问题，所以本文要加以讨论。

构造论的潮汐论主要有三家，即晋葛洪、唐卢肇和五代丘光庭。葛洪认为，由于天不断旋转，天河之水由天上转入地下，并与地下水和海水相合，三水激涌就成为潮水[②]。葛洪是浑天家，熟悉张衡的理论，显然是用浑天说天包水、水包地的模式来解释潮汐成因的。但是在葛洪这段话里看不到有大地球形观存在。

---

① 寺地尊，《唐宋时代潮汐论的特征——以同类相引思想的历史变迁为例》，《科学史译丛》，1982 年第 3 期。

② 见《抱朴子・外佚文》，《四部备要》。

卢肇的潮汐论的特点是，明确站在浑天说的立场来进行论证①。他在《海潮赋》中说："日傅于天，天右旋入海，而日随之。日之至也，水其可以附之乎？故因其灼激而退焉。退于彼，盈于此，则潮之往来，不足怪也。"由此可见，卢肇的潮汐论虽然立足于浑天说，但也没有提到大地为球形。

　　丘光庭的理论是较成熟的构造论潮汐论。他在《海潮论》中指出："则海之潮汐，不由于水，盖由于地也。地之所处，于大海之中，随气出入而上下。气出则地下，气入则地上。地下则沧海之水入于江河，地上则江河之水归于沧海。入于江湖谓之潮，归于沧海谓之汐。此潮之大略也。"②这里仍然没有大地为球形的迹象。丘光庭还特意介绍了浑天说。《海潮论》指出："气之外有天，天周于气，气周于水，水周于地，天地相将，形如鸡卵。"这里对浑天说的解释，虽然在大地形状问题上说得不一定比《张衡浑仪注》更为清楚，但却更明确地指出，以鸡蛋作比喻的是"天地相将"的情形，即天和地互相关联的关系。由此可见，对张衡《浑天仪图注》中"地如鸡中黄"这段话，不一定要孤立地从字面去理解，而应当从张衡《浑天论》的整个叙述、从浑天说的整个理论体系来理解，这样才可能看出浑天说究竟把大地看成什么样子。

　　中国古代地理学内容涉及很广，其中地图（技术）系统、"地理纬度"（或"子午线"）测量、远洋航行、潮汐成因理论等四项，与大地形状问题关系最为密切。作者认为，从本文对上述四项所作的考察来看，说中国古代传统地球观是地平大地观，是符合实际情况的。事物的发展总是错综复杂的，本来在地平大地观占统治地位的情况下，也可能出现一些个别

---

①　卢肇《海潮赋》："肇始窥《尧典》，见历象日月，以定四时，乃知圣人之心，盖行乎浑天矣。浑天之法著，阴阳之运不差；阴阳之运不差，万物之理皆得；万物之理皆得，其海潮之出入，欲不尽著，将安适乎！"《中国古代潮汐论著选译》，科学出版社，1980年。

②　引自清俞思谦《海潮辑说》卷上。

的、非传统或反传统的东西，但迄今为止，在中国古代地理学中还没有发现有球形大地观的明确记载。关于这一点，希望有人做进一步的和更细致的发掘工作。

第五节　古代陆球观是个勉强的球形观

元、明、清，在少数中国学者中已开始出现模模糊糊的类似地球观的论述，但直到清代，中国球形大地观，不仅在理论界没有地位，而且在实用中也未见用过的迹象。相反，综上所述，在中国古代所有与大地形状有关的测量、地图、航海、潮论等领域，都是从地平观念出发来提出问题、讨论问题和解决问题的，似乎从来都不考虑球形的，甚至连拱形也不考虑的。

中国古代的球形大地观与古希腊的相比，只是陆球而没有水球，也就是说只承认固体的大地是球形，而根本否认海洋面也是球形的。正由于中国古代没有水球观，所以在中国古代始终没有产生对跖地的说法和争论，而西方这种争论在中世纪持续将近一千年。正由于没有水球观，中国古代虽有着发达的远航，但从来没有东行西达、西行东达的任何努力，连这种想法也未见记载。正由于没有水球观，中国古代有关潮汐成因理论，虽有元气自然论（力）和构造论（月地关系）两种潮论，均源远流长，但始终未能合并形成近代潮论。

这种没有水球观的陆球观，与其说接近真正的球形观，还不如说更接近地平观。其实陆球观主要是坚持地平观的人们在大量球形新事实面前为要继续维持传统地平观，而不得不修改原始地平观形成的：由方形平面（平板）到圆形平面，由圆形平面到拱形平面，由拱形平面到球形固体大地。在这种观念中，可居住的人类世界仍是平的或拱形的。显然陆球观并未与地平观脱离，故与真正球形观有着大的鸿沟。

第七章　以海为田——内聚型的海洋价值观（上）

海洋观从哲学顺序讲，先是本体论，然后是认识论、方法论，最后是人与自然的关系，即价值观。但从人类认识从低级向高级的发展顺序讲，则最先是人类生存发展的价值观，然后是实现价值的技术即方法论，对方法论的规律性总结是认识论即科学观。科学观的本质层次是本体论或自然观。在本书则按哲学顺序，故价值观放在最后章。

在近代，科学文化史界受科学主义影响，是否定文化多样性的，在讨论具体文化类型时常简单化，非此即彼，没有中间类型。这不符合世界历史上多国家多民族的复杂的实际情况。在讨论海洋观或海洋文化中，有所谓大陆内聚型文化或海洋开放型文化。由于中国海洋文化是内聚型，所以黑格尔（G.W.F.Hegel，1770—1831）就说，中国古代没有海洋文化（文明）。这种错误论断长期统治国内外学术界。20世纪90年代中国学术界提出中国古代有海洋文化（东方蓝色文化）后，黑格尔的错误结论才开始得到纠正。

但科学主义思维影响是很难消除的，在海洋文化研究中也仍有所表现。中国古代有海洋农业文化，自然也有海洋商业文化，因此对海洋商业文化进行专门研究是必要的。但是一些学者为了证明中国传统海洋文化是开放型文化，过分强调了传统海洋商业文化的主体性地位，因而把特殊朝代或局部地区的传统商业文化有意无意夸大，竟认为中国传统海洋文化就是商业文化而忘了根本是农业文化。又有部分学者还不愿意人们讨论传统海洋文化的缺陷方面，例如，郑和航海为什么没有导致地理大发现，传统地球观是地平大地观、传统航海主要是地文导航系统等，暴露出对传统海洋文化缺乏自信心。

中国有着漫长的海岸线，有着渤海、黄海、东海、南海四大边缘海，更与世界最大洋——太平洋连接。几千年来中华民族靠海、吃海、用海、思海创造了博大精深的海洋成就，难道这些就不是海洋文化、海洋文明吗？确实，中国海区的资源开发和利用，即古人所说的"以海为田"是海洋活动的基础。诚然以海为田的价值观是内聚型的，而不是"以海为途"去远方贸易、掠夺其他国家财富的开放型，但同样是海洋文明了。中国古代以海为途的远航也很多，例如郑和航海就是。但这些远航与近代海洋强国去掠夺去殖民其他国家有本质的不同，难道伟大的和平、友谊的郑和航海反而不是海洋文明，而这些野蛮的海洋掠夺反而是海洋文明了！

在这里我们无意上纲上线，因为中国海洋文化学者是没有人否定郑和航海的巨大的海洋文明本质的。在这里我们只是要引出海洋文化（文明）并非均是开放型一种，也可以有内聚型的。中国传统的内聚型的海洋价值观与西方的有本质的不同，主要表现在相互有关的两个方面：以海为田的海洋农业文化观和畸形的海洋对外贸易的商业观。本章专门谈及的是前者，下一章专门谈及后者。

第一节　以海为田资源观

靠山吃山，靠水吃水。广大沿海地区和岛屿上的居民为生存和发展，必然大力开发海洋资源。这种生活、生产模式，就是海洋农业，其指导观念是以海为田资源观。

海洋农业主要是开发生物资源，包括海洋采集、捕捞和养殖。但在古代也可以理解为海洋大农业，包括海盐、石灰等非生物资源开发。

我国自北而南广大沿海地区的文明发展，无不与海洋资源的开发利用有关。海洋生物资源的开发利用在古代有着丰富的内容和形式。民以食为天，海洋生物资源开发利用以食为主，其中也包括药用、装饰、建筑材料等其他方面。由此可见，中国古代海洋生物资源的开发利用，类似现代提倡的海洋农业。

一、海洋食物

海洋水产，是沿海地区人民重要的肉食来源之一。自原始社会的渔猎时代直至今天，海洋食物经久不衰，并不断发展。海洋食物在历史上的发展历程，主要呈现出采集、捕捞和养殖三个明显的阶段。

1. 海洋采集

海洋采集起源于沿海地区的远古人类，他们在潮退之后去海滩上捡拾贝类、小鱼、海菜等生物充作食物，并且还用蚝蛎喙来打破紧紧贴在海边岩石上的牡蛎（蚝）壳，以获取其肉。漫长的石器时代广泛留存下来的贝丘遗址，反映了海洋采集曾经是维持沿海地区原始人类生长繁衍的重要生产活动。从贝丘中残存的贝壳和鱼骨看，当时采集的海洋食物种类已很多。初步统计：贝类有牡蛎、海蚶、单扇蛤、丽蚌、鲍鱼、川蜷、魁蛤、文蛤、海蛏、淡水蚬等；螺类有海螺、水晶螺、小旋螺、棱芋螺、中国田螺、台湾小田螺等；此外还有龟类等海洋水产。

新石器时代以后，由于与造船的发展相关的海洋捕捞的崛起，海洋采集已退居从属地位，但仍继续发展。

2. 海洋捕捞

海洋捕捞在新石器时代已经开始，因为在这个时代遗存中，有网坠、鱼钩、鱼叉、鱼镖、箭镞、倒梢、竹篓等工具，也出土了进行海洋捕捞的原始舟船用的木桨。新石器时代的文化遗址中，已增加了不少鱼类，诸如鲻鱼、鳓鱼、黑鲷等，以及在近海游泳迅速的蓝点马鲛。

殷商甲骨文中不仅有"贝"，而且有"鱼""渔"字。与"贝丘"联系起来考虑，这"贝"与"鱼""渔"字不能说与海产及捕捞没有关系。此外，"龟"旁的字很多，"鱼"旁的字亦不少[1]。殷墟中出土有鲸鱼骨。《竹书纪年》记载：商"帝芒十二年，东狩于海，获大鱼"。由此可见，商代时捕捞业已有了一定发展。

春秋战国时期出海捕捞十分普遍。《管子·禁藏》："渔人之入海，海深万仞，就彼逆流，乘危百里，宿夜不出者，利在海也。"能够在远离海岸的深海中宿夜捕鱼，说明当时海上航行和捕鱼技术已有较高水平，捕捞规模也相当大。

在西周和春秋战国时期，海洋渔业和海洋盐业已成为沿海各诸侯国的主要经济活动和富国的源泉。发展这一产业，已成为当时著名政治家所推行的强国方针。《史记·齐太公世家》：齐国姜太公"修政，因其俗，简其

---

[1] 孙海波，《甲骨文编》，哈佛燕京学社，1934 年。

礼通商工之业，便鱼盐之利，而人民多归齐，齐为大国"，说明早在西周初齐国就注意发展海洋渔业。春秋战国时，《管子》强调"利在海也"。《韩非子·大体》也强调"历心于山海而国家富"。由此可见，靠海、吃海、用海，大力开发海洋资源，成为沿海地区特别是"海王之国"发展和强盛的基本方针。这也清楚地表明，中国传统海洋农业文化的基本内涵是海洋农业，是海洋资源的开发。

秦汉以后，沿海农业经济区广泛开发，海洋水产资源的开发随之大大加强，海洋捕捞进入全面发展时期。海洋水产知识日益增多，记载日益丰富。有关海洋水产知识的古籍也很多，可分五类：一是辞书和类书，如《尔雅》《埤雅》《说文解字》《康熙字典》《艺文类聚》《太平御览》《古今图书集成》等；二是本草著作，如《神农本草经》《新修本草》《本草拾遗》《本草纲目》等；三是渔书、水产志，如《渔书》《鱼经》《闽中海错疏》《海错百一录》《记海错》《水族加恩簿》《相贝经》《禽经》《晴川蟹录》《蟹谱》《蛎蛏考》等；四是异物志和笔记小说，如《扶南异物志》《岭表录异》《临海水土异物志》《博物志》《魏武四时食制》等；五是沿海地方志。

3. 水产养殖

春秋时期，海洋捕捞业的发展可能已使局部海域出现海洋生物资源枯竭的危险，为此保护海洋生物资源的思想已有明确记述。由于海洋水产养殖更体现大陆内聚性，所以这里略详细介绍。

（1）蛎田

东南沿海养殖牡蛎有着悠久历史。罗马老普林尼记载，在西方首建人工牡蛎苗床之前很久，中国人便已掌握养殖牡蛎的技术了。[①]

牡蛎在南方叫蛎。宋代已开始插竹养蛎，宋梅尧臣《食蛎》诗："亦复有细民，并海施竹牢。掇石种其间，冲激恣风涛。咸卤日与滋，蕃息依

---

① 齐钟彦，《我国古代贝类的记载和初步分析》，《科学史文集》第4辑。

江皋。"①明代《蛎蜅考》详细记载了福建福宁竹屿在 15 世纪的插竹养蚝法："肇自先民，取深水牡蛎之壳，布之沙泥，天时和暖，水花孕结，而蛎生壳中，次年取所生残壳而遍布之，利稍蓄。然蛎产多鲜，巨鱼逐群，馋食无厌，众心胥戚，取石块团围，稍无害。但石块不过三五，波浪风倾，害复如前。乃聚议：扈以竹枝，水中摇动，鱼惊不入。哀我人斯，百计经营……竹枝生蛎。乡人郑姓者遂砍竹三尺许，植之泥中。其年丛生，蛎比前更蓄。因名曰竺。以竹三尺故名也。乡人转相慕效，竺蛎遂传……竺竹生蛎，仅有百余年。"

据记载，从明成化开始，除竹屿有养蚝外，邻近涵江、沙江和武岐一带也有养蚝业。②

广东沿海地区也有较大规模的养蚝业。潮州地区清代以前养蚝业已很发达。《潮州府志》记载："沿岸浅水处多有堆石或蛎壳以繁殖之，是为蚝田或蚝埕。潮退时嶙峋突起，横亘恒达数里之广，此外东里蚝町规模亦大。"③《广东新语》卷二十三还记载了广东其他地方的蚝田。"东莞、新安有蚝田……种蚝，又以生于水者为天蚝，生于火者为人蚝……其地妇女皆能打蚝。有打蚝歌"。

（2）鲻池

鲻鱼养殖明代已有记载。黄省曾《养鱼经·一之种》谓："鲻鱼，松之人于潮泥地凿池，仲春潮水中捕盈寸之者养之，秋而盈尺，腹背皆腴，为池鱼之最，是食泥，与百药无忌。"明胡世安《异鱼图赞补·闰集》又较详细地记载了鱼苗的选择问题，"流鱼如水中花，喘喘而至，视之几不辨，乃鱼苗也。谚云'正乌二鲈'，正月收而放之池，皆为鲻鱼，过二月则鲈半之。鲈食鱼，畜鱼者呼为鱼虎，故多于正月收种。其细似海虾，如

---

① 《食蚝》，《古今图书集成·博物汇编·禽虫典》卷一六〇引。

② 民国《霞浦县志》卷十八。

③ 《潮州府志》，引自《中国海洋渔业简史》，第 231 页。

谷苗，植之而大。流鱼正苗时也"。胡世安所记的采苗经验，是有科学道理的。时至今日，福建渔民仍然有"正月出乌，二月出鲈"的说法，即正月采鲻鱼苗，二月采鲈鱼苗。

古代的养鲻地点不少，自北而南有河北、江苏、浙江、福建、广东等地。

（3）蚶田

明代浙东已开始种蚶。《本草纲目》卷四十六："今浙东以近海田种之，谓之蚶田。"《闽部疏》记载了闽中养蚶，但"蚶大而不种，故不佳"，"蚶不四明"。这说明当时闽中尚未有养蚶，当地的野蚶虽大而比不上浙江四明（宁波）的人工蚶。《闽中海错疏》也记载了四明的人工蚶。"四明蚶有二种：一种人家水田中种而生者；一种海涂中不种而生者，曰野蚶。"

广东养蚶在清康熙时有记载，《广东新语》卷二十七："惠、潮多蚶田。"

（4）种珧

南宋已有养殖江珧记载。陆游《老学庵笔记》卷一："明州江珧柱有二种。大者江珧，小者河珧，然沙珧可种，逾年则成江珧矣。"周必大在《答周愚卿江珧诗》："东海沙田种蛤蚨。南烹苦酒濯琼瑶……珠剖蚌胎那畏鹬，柱呈马甲更名珧……"①

（5）蛏田

明代《本草纲目》《正字通》《异鱼图赞补》等书均有人工养殖蛏的记载。《本草纲目》卷四十六："蛏乃海中小蚌也……其类甚多。闽粤人以田种之，候潮泥壅沃，谓之蛏田。"《闽书》对养殖蛏的方法还有较详细的记载，并指出蛏田以"福建、连江、福宁州最大"②。

---

① 《答周愚卿江珧诗》，《周益国文忠公集·平园续移》卷三。
② 《闽书》，《古今图书集成·博物汇编·禽虫典》卷一五八引。

二、海洋药物

海洋药物的使用始于先秦。三国《吴普本草》、唐《新修本草》、宋《本草衍义》、明《本草纲目》等本草以及古代不少海洋水产志中都有海洋药物的记载。

海洋药物种类较多，主要有：鲨、中华鲟、鲥鱼、鳓鱼、海鳗和溯河成长的鳗鲡、海马、黄鱼、珍珠贝的珍珠、海月、贻贝、海兔、毛蚶、牡蛎、墨鱼内骨、玳瑁、蠵龟、海豹和海狗、石莼、昆布、裙带菜、鹧鸪菜、琼枝、海蒿子。

三、海洋宝货

在古代观念中有海中"龙宫"，被称为是收藏奇珍异宝的地方，事实上海洋也确是这样，不少宝物如珍珠、珊瑚、宝贝、货贝等物均产自海洋。宝物作为财富的象征，既可以用作装饰品，也可用作货币。

四、海洋与建筑材料

海洋生物用作建筑材料主要是贝壳烧成的生石灰。《周礼·地官司徒》明确记载："以共圂圹之蜃。"郑玄注："圂犹塞也，将井椁先塞下，以蜃御湿也。"这说明早在西周时，已用贝壳烧成的生石灰作为墓室防湿的建筑材料。春秋鲁成公二年（前589）"八月，宋文公卒，始厚葬，用蜃灰"[1]，也用这一材料。1954年辽宁营城子地区发现41座西汉时期的贝墓，其墓室都是用牡蛎、蛤蜊、海螺的介壳构筑的。[2]蜃灰也用于一般居室作干燥剂。《本草纲目》记载："南海人以其蛎房砌墙，烧灰粉壁。"[3]至今沿海地区仍有用蛎房来烧生石灰的。

---

[1]《左传·成公二年》。

[2] 张震东、杨金森，《中国海洋渔业简史》，海洋出版社，1985年，第216页。

[3]《本草纲目》，《中国海洋渔业简史》，1985年，第217页。

第二节　传统海洋农业是大陆农业的延伸和补充

一、海洋活动与陆地粮食基地

中国广大沿海地区与内陆的大河地区一样是广阔的农业高产区，如果政治大致清明，则能养活许多人，所以广大沿海地区主要从事陆地农业而不是海洋农业。至于广大沿海地区既然靠海，守住这聚宝盆，自然也发展海洋农业，开发海洋水产资源，但这主要是补充肉食，增加蛋白质来源。因此从事海洋渔业是极少数人的职业。是中国南方丘陵地区的部分沿海地方，因地形陡，山间盆地，乃至出海河流三角洲的面积均较小，耕地面积太小，无法大规模发展陆地农业，才被迫主要依靠海洋农业、渔业。也可能这些地方天高皇帝远，因而可大胆挑战中国历代的重农抑商国策，发展海外贸易乃至走私活动，因而也发展有类似西方的海洋商业文化。但从全国广大沿海地区看，从漫长历史和重农抑商的基本国策看，中国传统海洋文化本质是与西方海洋商业文化不同的海洋农业文化，并且是与大陆农业文化并存相互影响的。

1. 海运与"天下粮仓"

值得强调的是，长江三角洲和钱塘江三角洲由于开发较早，自然条件较好，粮食高产，所以成为"天下粮仓"。中国古代的天下粮仓主要是成都的天府之国、江南的鱼米之乡。京杭大运河是世界上里程最长、工程最大、最古老的运河。大运河南起杭州，北到北京。元代定都大都（今北京），大都和北方部分地区的粮食供应主要取自南方，必须开凿运河，把粮食从南方运到北方。为此修筑成以大都为中心、南下直达杭州的纵向大运河。元代又开拓海运，把南方的粮食经海道运至直沽（今天津），再经河道运达大都。至元十九年（1282），朝廷采用太傅、丞相伯颜的建议，运粮四万余石由海道北上。次年，立二万户府管理海运。数年后，运数增至五十余万石，于是粮食运输逐步以海运为主，传统的内河运输退居次要地位。由此可见，沿海地区的江南鱼米之乡是古代陆地农业的中心。海运与内陆运河均是开发陆地农业的需要。

2.潮灌与畿辅水利

北方潮田明确记载始于元代，发展于明代。这与"畿辅水利"有关。畿辅水利目的"是要把北京所在的地区改造为一个重要的农业生产地区，以减轻或避免南粮北运的困难，为北京这一全国的政治中心建立起更为巩固的经济基础"。[1]所涉范围包括了现在河北省的全部平原地区。

在畿辅水利中采纳了东南沿海地区发展潮田的经验。《元史》卷三十："京师之东，濒海数千里，北极辽海，南滨青齐，萑苇之场也，海潮日至淤为沃壤，用浙人之法，筑堤捍水为田。"明代徐贞明（约1530—1590）《潞水客谈》："京东者辅郡……控海则潮淤而壤沃，兴水利尤易也。"[2]雍正《畿辅通志》卷四十六："明臣袁黄为宝坻令，开疏沽道引庘潮流于壶卢窝等邮……盖潮水性温，溉自饶，浙闽所谓潮田也。今委负疏涤旧渠，连置闸洞，汲引浇灌，濒海泻卤，渐成膏腴。"明时汪应蛟驻兵天津，大规模屯田，其中也用潮灌。雍正《畿辅通志》卷四十七："东西泥沽二围，营田引用海潮水。"

由此可见属于海洋农业文化的潮田实际是大陆农田水利的延伸和

---

① 侯仁之主编，《中国古代地理学简史》，科学出版社，1962年，第59页。

② 《潞水客谈》，《丛书集成初编》，第4页。

补充。

二、保卫陆地农业区的滨海长城——海塘和潮闸

与潮灾斗争，是中国古代沿海人民为保卫沿海农业区，保卫生命财产，进行减灾活动的严重斗争。尽管历代为祈求海晏，有着不少宗教和迷信活动，但人们也十分清楚，最有效的方法还是自己起来进行抗争。沿海地区人民为保卫自己的陆地农业区不受潮灾入侵，像北方地区人民为保卫农业区抵御游牧民族入侵而修筑起万里长城那样，修筑起滨海万里长城——海塘。长城上在交通要冲处设立雄关，海塘里在入海河口处也常设立潮闸。由此可见，海、陆两座"万里长城"不仅在保卫农业经济区这个中国传统文化内涵上是一致的，而且在形式上也有类似之处。

海塘、长城、大运河堪称中国古代三项伟大工程，①其规模之大、工程之艰巨、动员人数之多是十分惊人的。由于沿海风暴潮十分严重，沿海地区又是中国古代重要农业经济区，人口集中，所以古代海塘建设受到朝廷重视，海塘遍布沿海各地，但以江浙海塘最为宏伟。这里位于钱塘江喇叭形河口地段，日夜受到太平洋潮波的冲击，发育起壮观的钱塘江暴涨潮，在夏秋台风频繁活动之际，又是风暴潮灾最严重地区之一。但钱塘江三角洲经济开发很早，杭嘉湖平原自古就是著名的江南鱼米之乡。所以这里海塘所起的作用无疑十分重要。在历次强大潮灾中，也多次遭受到重大损失，原有海塘时时被冲垮。但是人们通过不断总结筑塘经验教训，技术水平迅速提高，工程规模也十分宏大。江浙海塘已成为中国古代人民与潮灾顽强斗争，取得巨大胜利的象征；同时也展示了中国沿海人民与潮灾斗争的历程和中国海塘工程的水平。

秦汉以前北方已有海塘，东南沿海因尚未开发，故缺乏海塘记载。秦汉以后，东南沿海逐渐开发，陆地农业发展，地方政府开始重视海塘

---

① 朱偰，《江浙海塘建筑史》，上海学习生活出版社，1955 年，第 1 页。

修筑，故才有此记载。所记最早的是东汉钱塘（今杭州）钱塘江的海塘。《钱塘记》称："防海大塘在县东一里些，郡议曹华信家议立此塘，以防海水。始开募有能致一斛土石者，与钱一千，旬月之间，来者云集。塘未成而不复取，于是载土石者皆弃而去，塘以之成，故改名钱塘焉。"①

三国时的海塘，《吴越备史》有这样记载："一日主皓染疾甚。忽于宫庭黄门小竖曰，国主封界，华亭谷极东南金山咸塘，风激重潮，海水为害，人力所不能防。金山北，古之海盐县，一旦陷没为湖，无大神力护也。臣，汉之功臣霍光也。臣部党有力，可立庙于咸塘。臣当统部属以镇之。"②

唐代钱塘江海塘在《新唐书·地理志》中记载称："盐官有捍海塘，堤长百二十四里，开元元年重筑。"这说明早在开元元年（713）之前，这里已有较大规模的海塘。

海塘长期为土塘，虽修筑容易，但抗潮性能较差。910年，江浙海塘已出现向石塘过渡。《咸淳临安志》卷三十一记载："梁开平四年八月钱武肃始筑捍海塘。在候潮通江门之外，潮水昼夜冲激，版筑不就……遂造竹络，积巨石，植以大木，堤岸即成，久之乃为城邑聚落。"《梦溪笔谈》卷十："钱塘江钱氏时为石堤，堤外又植大木十余行，谓之榥柱。"武肃王钱镠（852—932）这次造海塘，显然有了较大进步，部分已是石堤，堤外又有榥柱，以减缓潮波对海塘的冲击，也加固了塘基。

北宋时，李溥、张夏曾多次修筑钱塘江北岸海塘，开始时仍用钱镠旧法，后来采用巨石砌成。宋庆历七年至皇祐二年（1047—1050）政治家王安石（1021—1086）在鄞县做知县，在筑海塘时发明了坡陀法。因以前的石海塘临水面都是垂直向下，但海潮来势凶猛，正面冲击海塘，力量很大，故塘身易圮倾。海塘临水面改用坡陀形采取斜坡向下形式，可杀潮

---

① 《钱塘记》，《水经注·浙江水》引。

② 《吴越备史》，嘉庆《云间志》卷五《金山忠烈昭应庙》引。

势，起到了明显的护塘作用。

宋代对苏北的海塘也曾经大力兴修，约有 150 里长，而且海塘的外口，曾垒石作坡。这便是政治家范仲淹（989—1052）所修的范公堤。

元代曾屡次修建海塘。"元代，海塘极大部分已改为石塘，其中杭州海塘本是用巨石砌成的；海宁、海盐则用石囤木柜之法修成石塘；上虞、绍兴、余姚，本是土塘，至此也改用石塘。"[1]

明代重视水利和海塘建筑。"总计三百年间，前后凡有十三次大修工程。"[2]在工程设计上也有较大改进，先后采用石囤木柜法、坡陀法、垒砌法、纵横交错法。最后黄光升集筑塘法之大成，并写有《筑塘说》，详细地介绍了修筑大塘的纵横交错法。清朝政府为确保东南财赋收入，并笼络江南士大夫，维护封建统治，在康熙、雍正、乾隆三朝，动员大量人力、财力，修筑江浙海塘。乾隆帝为海宁的钱塘江海塘修筑，曾四次（乾隆二十七、三十、四十五、四十九年）南巡到达海宁，亲自理会海宁塘工。清代江浙海塘在历代建筑的基础上，全部改土塘为石塘，修筑了从金山卫到杭州 300 多里的石塘。[3]而且大多是工程质量优良的鱼鳞大石塘。于是江浙海塘，更有效地挡住了杭州湾汹涌的风暴潮，保卫了沃野千里的杭嘉湖平原这一国家粮仓，使这历代潮灾严重地区成为富庶的鱼米之乡。1949年以来，江浙海塘又得到了全面的修复和整治。

海塘是滨海的万里长城，潮闸就是这长城上的雄关。海塘和潮闸共同配合，既可以抵御潮灾，又可以使入海河流顺利地入海。海水平均盐度高达 35‰，而庄稼对盐度 1‰ 的水已不适应。所以，入海河口大部分河段的水不能灌溉，不然，将使土地严重盐渍化。为此古代就在不少入海河口建立了潮闸。徐光启（1562—1633）《农政全书》指出："新导之河，必设堵

① 朱偰，《江浙海塘建筑史》，上海学习生活出版社，1955 年，第 8 页。

② 同上注。

③ 参见江浙《海塘略图》，《江浙海塘建筑史》，附图 3。

闸，常时扃之，御其潮来，沙不能塞也。"旱时可"救熯涸之灾"，涝时可"流积水之患"。清钱咏《履园丛话·水学·建闸》："沿海通潮港浦，历代设官置闸，使江无淤淀，湖无泛溢，前人咸谓便利……闸者，押也，视水之盈缩所以押之以节宣也。潮来则闭闸以澄江，潮去则开闸以泄水。其潮汐不及之水，又筑堤岸而穿为斗门，蓄泄启闭法亦如之。"

福建莆田的木兰陂，是北宋期间修建的一座大型水利工程。建陂前，汹涌的兴化湾海潮溯流而上，直涌至距今陂址上游 3 公里处。当时，溪、海不分，潮汐往来，泻卤弥天，农田旱涝也十分频繁。建陂之后，下御咸潮，上截淡水，灌田万余顷。至今仍发挥着较大经济效益。①古代有名的潮闸不少，江苏盐仓闸、唐家闸对农业的收成发挥了很大作用。故《履园丛话·水学·建闸》对潮闸的作用总结道："设闸之道有数善焉，如平时潮来则扃之，以御其泥沙；潮去则开之，以刷其淤积。若岁旱则闭而不启，以蓄其流，以资灌溉。岁涝则启而不闭，以导其水，以免停洇。"古代还有人总结潮闸有五利："置闸而又近外，则有五利焉……潮上则闭，潮退即启，外水无自以入，里水日得以出，一利也……泥沙不淤闸内……二利也……水有泄而无入，闸内之地尽获稼穑之利，三利也；置闸必近外……闸外之浦澄沙淤积，岁事浚治，地里不远，易为工力，四利也；港浦既已深阔……则泛海浮江货船、木筏，或遇风作，得以入口住泊，或欲住卖得以归市出卸，官司可以闸为限，拘收税课，五利也。"②

三、潮田主要是用于灌溉的陆地农田

仰潮水灌溉的潮田，在中国古代沿海地区广为分布，这是中国古代海洋水资源利用的一项重大成就，也是中国古代海洋农业文化的一个明显的特点。

---

① 福建省莆田县文化馆，《北宋的水利工程木兰陂》，《文物》1978 年第 1 期。

② 光绪《常昭合志稿》卷九。

124

海水苦咸，盐度高达35‰，而庄稼对盐度1‰的水已不能适应。那么，为什么沿海各地广泛发展的潮田能使庄稼丰收呢？这是因为中国古代劳动人民在长期的抗旱斗争中，已发现在河流的感潮河段以及入海的河口地区，由于淡水的注入和潮汐的作用，海水盐度有着明显的时空变化。因此能够根据潮汐涨落情况，掌握海水盐度时空动态，得到淡水灌溉。

潮田在中国出现很早，这首先应谈到骆田。晋裴渊《广州记》记载："骆田仰潮水上下，人食其田。"①由此可知，骆田即潮田一种，也是中国古代架田的一种。架田是在沼泽水乡无地可耕之处，用木桩作架，将水草和泥土置于架上，以种植庄稼。木架漂浮水上，随水高下，庄稼不致浸淹。这在宋元时多见于江东、淮东和两广地区②。架田又记为葑田。宋梅尧臣（1002—1060）在《赴雪任君有诗相送仍怀旧赏因次其韵》诗中有"雁落葑田阔，船过菱渚秋"的诗句③，生动地描绘了宋代葑田发展状况。架田、葑田在两广沿海地区称骆田。骆田在中国出现的时代还可追溯到更早的战国时代。《交州外域记》："交趾昔未有郡县之时，土地有雒田，其田从潮水上下，民垦食其田。"④这里的雒田显然即骆田。交趾，古代指五岭以南一带地区。有关"交趾昔未有郡县之时"的时间，最晚也是战国时期。由此可见，骆田或雒田即潮田，至迟在战国时期已经出现。这种在岭南沿海发展起来的位于水上并仰潮水上下灌溉的潮田，与后来广为发展的位于陆地的潮田有较大的不同。

位于陆地的潮田最早可追溯到三国时代的吴大帝孙权（182—252）在南京所开的潮沟。《舆地志》："潮沟，吴大帝所开，以引江潮。"⑤开潮

---

① 《裴渊广州记》，《汉唐地理书钞》。

② 王祯，《农书》卷十一《田制门》。

③ 《赴雪任君有诗相送仍怀旧赏因次其韵》，《宛陵集》卷八。

④ 《水经注》卷三十七引。

⑤ 《舆地志》，《六朝事迹编类》卷上引。

沟，引江潮，很可能是用于潮灌。有关陆地潮田的明确记载，则在南北朝时期。光绪《常昭合志稿》卷九："吾邑于梁大同六年更名常熟。初未著其所由名，或曰高乡，濒江有二十四浦，通潮汐，资灌溉，而旱无忧。低乡田皆筑圩，是以御水，而涝亦不为患，故岁常熟而县以名焉。"可见在540年，长江流域潮田规模已相当大。长江流域的潮田到唐宋时又有较大发展。唐代陆龟蒙（？—约881）曾任苏、湖二郡从事，在《迎潮送辞序》中记述了松江地区的潮田。南宋范成大（1126—1193）在《吴郡志》中也记述了吴郡的潮田。综上所述，古代位于陆地的潮田，主要是在长江下游沿岸，特别是在太湖周围低洼地区发展起来的；其年代大约始于三国时代，至迟可追溯到南北朝，其后在唐宋，特别在宋代有较大发展。

长江下游沿岸的陆地潮田的发展，实际上与当地圩田塘浦系统的发展是一致的。"圩田就是在浅水沼泽地带或河湖淤滩上围堤筑圩，把田围在中间，把水挡在堤外；围内开沟渠，设涵洞，有排有灌。太湖地区的圩田更有自己的独特之处，即以大河为骨干，五里七里挖一纵浦，七里十里开一横塘。在塘浦的两旁，将挖出的土就地修筑堤岸，形成棋盘式的塘浦圩田。"①这里的圩区在秦汉已进行了初步开发，三国时经东吴政权的经营，已达到一定的程度。由此可推测吴大帝当时在南京所开的潮沟，亦相当于圩田与塘浦中的浦。在南北朝时，正由于塘浦的发展，以及其中潮灌的发展，才使在梁大同六年将晋时的海虞县改为常熟县②。唐时太湖地区的圩田塘浦"进入一个新的发展时期"，后虽在北宋时"一度衰落"，但到南宋时"圩田范围逐渐扩大"③。由此可见太湖地区的潮田发展，基本上与圩田、圩田塘浦的发展是同步的。《吴郡志》记载：吴郡治理高田的主要方法是挖深塘浦，"畎引江海之水，周流于岗阜之地"，而"近于江者，

---

① 《中国水利史稿》（中册），水利电力出版社，1987年，第144页。

② 《长江水利史略》，水利电力出版社，1979年，第73页。

③ 《中国水利史稿》（中册），水利电力出版社，1987年，第145页。

既因江流稍高，可以畎引；近于海者，又有早晚两潮，可以灌溉"①。这里的潮田显然只是圩田的一种，只因近海，所以引潮水灌溉。

对北方潮田较明确的记载开始于元，发展于明。这与"畿辅水利"的发展有关。"畿辅水利"建设目的"是要把北京所在的地区改造为一个重要的农业生产地区，以避免南粮北运的困难，为北京这一全国的政治中心建立起更为巩固的经济基础"②。在畿辅水利发展过程中，通过学习东南沿海地区的经验，开始发展潮田。《元史》卷三十："京师之东，濒海数千里，北极辽海，南滨青齐，萑苇之场也，海潮日至淤为沃壤，用浙人之法，筑堤捍水为田。"

潮田的作用是很大的，不仅仅在开发滨海土地或围海造田中救干旱之急，还能使干旱盐渍的贫瘠土壤变成旱涝保收、稳产高产的"膏田"。《福建通志》记载："有一等洲田，潮至则没禾，退仍无害。于禾不假人、牛而收获自若。有力之家随便占据。"③在这里，潮田已成为最上等的田。

中国古代的潮田在沿海分布很广，各海区均有。但又相对集中于入海河流的感潮河段（见表7-1）。

---

① 《吴郡志》卷十九。

② 侯仁之主编，《中国古代地理学简史》，科学出版社，1962年，第59页。

③ 乾隆《福建通志》卷三。

表7-1　中国古代潮田分布简表

海域	江湖名称	潮田地域	记载文献
渤海	滦河	乐亭县	乾隆《乐亭县志》卷十三
	蓟运河	宝坻	雍正《畿辅通志》卷四十七
	海河	天津	乾隆《天津县志》卷十二
黄海	长江（北岸）	靖江	康熙《靖江县志》卷十六
		通州（今南通）	乾隆《直隶通州志》卷三
东海	长江（南岸）	建康（今南京）	《六朝事迹编类》卷上
		丹徒	宣统《京口山水志》卷十
		吴郡（今苏州）	《吴郡志》卷十九
		常熟	光绪《常昭合志稿》卷九
		太仓	嘉庆《直隶太仓州志》卷十八
		川沙	光绪《川沙厅志》卷十四
	钱塘江	松江	光绪《松江府续志》卷三十九
		杭州	光绪重刻《西湖志》卷一
		浙江省	《元史》卷三十
		福建省	乾隆《福建通志》卷三
南海	北溪、南溪	揭阳	同治《广东通志》卷一一六
	珠江	香山（今中山）	道光《香山县志》卷三
	钦江	钦州	道光重修《廉州府志》卷四
	廉江	廉州	重修《廉州府志》卷十一

由表 7-1 可知，中国古代潮田分布区主要是古代重要农业区。由表还看到，古代"凡濒海之区概为潮田"。潮田的分布又相对集中于出海河流感潮河段，所以也与感潮河段的长短有关。感潮河段越长，其潮田分布由海洋深入陆地越深，例如南京、丹徒、靖江离大海均很远，但均位于长江的感潮河段，故仍有潮田分布。

明代徐光启《农政全书》卷十六指出："海潮不淡也，入海之水迎而返之则淡。《禹贡》所谓逆河也。""海中之洲渚多可用，又多近于江河，而迎得淡水也。"十分明显，徐光启在这里所说的"洲"，应为入海河口的拦门沙，而"逆河"实为入海河流的感潮河段。中国沿海受太平洋潮波的强大冲击，河口中"江水逆流，海水上潮"[①]的现象是明显的。

由于潮灌和潮田的长期发展，中国古代对海水咸重、河水淡轻有十分深刻的认识。如明郭濬在《宁邑海潮论》中就明确指出两者之不同，"江涛淡轻而剽疾，海潮咸重而沉悍"[②]。嘉庆《直隶太仓州志》卷十八则进一步阐明，滨海之地，"潮有江、海之分，水有咸、淡之别……古人引水灌田，皆江、淮、河、汉之利，而非施之以咸潮"。由此可见，古人早已清楚潮灌中所引之水虽名为潮水、海水，实为河流淡水。

既然"海水咸重而沉悍"，"江涛淡轻而剽疾"，那么在出海河口和感潮河段，海水和河水相交换处，自然不会轻易融合。而且由于海水咸重，所以上潮时，进入江河的海水，不会在上层，只能在下层沿河底向上游推进，形成一个向上游方向水量逐渐减少的楔形层。这样上层仍为"淡轻剽疾"的河水，可资灌溉。这在中国古代是已有明确认识的。明崔嘉祥《崔鸣吾纪事》记载了当时耕种潮田的老人，对潮灌原理的精辟阐述："咸水非能秽苗也，人秽之也……夫水之性，咸者每重浊而下沉，淡者每轻清而上浮。得雨则咸者凝而下，荡舟则咸者溷而上。吾每乘微雨之后辄车水以助天泽不足……水与雨相济而濡，故尝淡而不咸，而苗尝润而独秽。"嘉庆《直隶太仓州志》卷十八又载："自州境至崇明海水清驶，盖上承西来诸水奔腾宣泄，名虽为海，而实江水，故味淡不可以煮盐，而可以灌田。"这指出了长江太仓、崇明河段，虽名为海，但仍可潮灌的原因。康熙《松江府志》卷三："凡内水出海，其水力所及或至千里，或至几百里，犹淡水也。"这更进一步指出在河流入海后形成远距离的淡水舌。

近代欧洲，关于河流淡水和海洋咸水相交汇的情况的研究，以及咸

---

① 《七发》，《昭明文选》。

② 《宁邑海潮论》，《海塘录》卷十九。

重海水上潮时在河流下面形成楔形层的发现，都是很晚的。19世纪初，苏格兰的弗莱明在泰湾的河流中经长期观察感潮河段潮汐运动情况，才发现上述现象的存在，并写出了《河流淡水与海洋咸水交界处的观测》的论文[①]。由此可见，中国在这方面的认识显然早于西方。如从明崔嘉祥以及这位耕种潮田的老人的认识算起，则比西方同类认识要早300年。如从县名常熟开始，则早1300年。如从吴大帝开潮沟引江潮开始则早1600年。这不仅是认识得早，更主要是中国早已利用此科学原理来发展生产，在漫长的沿海地带的河口三角洲，广泛开拓发展潮田。

潮田在近代不再发展，这主要是因为潮灌本身有较大局限性：其一，潮灌利用上潮时水位的抬升进行灌溉，因而受潮差的制约。中国沿海的潮差在世界上虽不算小：渤海3米、黄海4米多、东海6米、南海3米，但用于潮灌，则又不算大。其二，淡水和咸水尽管不轻易融合，但日夜涨潮、退潮，以及海水的其他运动，均又促进这种融合，所以在感潮河段中完全适宜灌溉的淡水的分布是有限的，在干旱少雨季节，以及河流的非汛期更是这样。这给潮灌带来更大的困难，缺乏经验或稍不小心就会引入咸水，造成农田的次生盐渍化。其三，海水上潮还常给渠道带来泥沙，造成淤塞。其四，潮田无法抵抗风暴潮的袭击。中国沿海风暴潮盛行，往往造成沿海的严重灾害。所以为了有效保卫沿海特别是富庶的三角洲的农业和人民生命财产，必须建立海塘以阻挡海潮入侵；在出海河口常建潮闸，以蓄淡御潮。为此，近代中国的沿海农业区虽进一步发展，但潮田就无再发展的必要。然而潮田在中国古代的广泛发展和存在，以及人们对潮灌原理的深刻认识，不能不说是中国古代传统农业和传统海洋文化的一大创举。

---

① M. B. Deacon, *Oceanography, Concepts and History,* Dowden, Hutchinson and Ross, Inc. 1978, p.133.

四、海洋水产养殖地均从"田"意

靠海、吃海、用海，是中国古代海洋文化的基本内涵。民以食为天，早在石器时代采集和捕捞海洋生物，已成为沿海原始人类食物的主要来源。进入农业社会后，海洋渔业更是沿海农业区人口肉食的一个重要来源。

由于某些水产品的需要日益增长，形成供不应求局面，于是便发展起像种植陆地庄稼（陆地生物）一样，开始种植海洋庄稼（海洋生物），从而蚝田、蚶田、蛏田、珧田等，甚至包括盐田就应运而生，大量发展，并与稻田、麦田、棉田一样均以"田"字命名，均从"田"意。相应古代称有关海产养殖也理解为"种"田，如种蚝、种蚶、种珧等。古代还有"珠池""鲻池"等，从陆地鱼池的"池"字。这些正是大农业属性和传统农业文化内涵的延伸和反映。

海盐与陆地的池盐、井盐均为氯化钠，成分和用途均无本质区别，可见海盐只是陆地盐的替代。

由此可见，在中国古代海洋文化中，确实是将这些传统海洋生产事业认为是陆地大农业的延伸。

第八章　畸形的海洋对外贸易
——内聚型的海洋价值观（下）

世界海洋文化有两种基本类型：一种是农业型，即"以海为田"；另一种是商业型，即"以海为途"，利用船舶航行与世界各国进行商业或掠夺，以获得远方的资源和财富。海洋文化商业性也有古老的历史。通常讲，这两种基本海洋文化在任何一个民族和国家中均有存在，只是有偏重而已。

　　海洋商业文化在中国古代也很早，也比较发达，特别在中国江南丘陵不利于农业又陆路困难的沿海地区。但是在大一统中国，农业性的大陆文化占据稳固的统治地位，执行长达数千年的重农抑商国策，因此即使在广大沿海地区，商业文化也始终没有充分发展起来。即使在某些特殊时期，如南宋偏安江南，海洋港口贸易迅速发展。但总的讲，中国古代海洋商业性活动是不发达的，民间海洋贸易更是边缘化的，常受到挤压，甚至被迫进行走私乃至武装走私活动，更困难时则被迫沦为海盗，明代倭寇事变主要也是这样形成的。总之，与西方海洋商业相比较，中国传统海洋商业自有其特点。发展数千年的中国传统海洋商业文化仍是内涵丰富的，值得发掘和研究。

第一节　重农抑商的产业政策

中国古代海洋政策的最根本目的是靠海、吃海、用海，努力开发海洋资源，发展广义的海洋农业（海洋捕捞、海水养殖、海洋盐业等），发展沿海农业经济区。春秋战国时期，沿海农业经济区已迅速发展：北方有燕赵、齐鲁，南方有吴、越。这些诸侯国为了强国称霸，均把开发海洋、发展鱼盐之利作为根本方针。当时著名的政治家均强调了有关政策，如管仲（？—前645）《管子·禁藏》强调"利在海也"，韩非（约前280—前233）《韩非子·大体》强调"历心于山海而国家富"。

随着海洋鱼、盐、珍珠等资源的生产、运输、销售发展起来，有关政策也随之建立和完善起来。这些产业政策核心是重农抑商，具体有：产业开发、资源保护、商业活动。由于海洋资源的开发，运输销售利润极大，沿海地区是海疆，对外交往比较频繁，故官方极力限制民间经营，制订了不少官营以及打击民间经营和走私活动的政策。

一、渔业政策

渔业政策内容十分丰富，在中国古代主要包括渔业资源保护、渔官组织、土贡和渔税三个方面。

1.渔业资源保护

早在原始时代，人们在长期生产实践中已积累一些动植物繁殖生长的知识，并且也已了解到要持续获得生物资源较大的收获量，必须保护幼小的草木或鸟兽虫鱼。传说夏禹治国，已有"四时之禁"。《逸周书·大聚解》："禹之禁，春三月，山林不登斧，以成草木之长；夏三月，川泽不入网罟，以成鱼鳖之长……"夏三月相当于阳历四五月，古人认为这是鱼鳖繁殖生长的最好季节，要实行渔禁。四时之禁被历世尊为"古训"而遵循。

　　不少先秦古籍，如《左传》《管子》《国语》《礼记》《孟子》《荀子》《吕氏春秋·上农》都有保护山林川泽，以时禁发的思想和政策。其中也含有保护海洋生物资源的。《吕氏春秋》："制四时之禁。山不敢伐材下木，泽人不敢灰僇，缳网置罦不敢出于门，罛罟不敢入于渊，泽非舟虞不敢缘名，为害其时也。"就是说一定要参行春夏秋冬四季的禁令，不准砍伐山中树木，不准在泽中割草、烧草、烧灰，不准用网具捕捉鸟兽，不准用网下河捕鱼；除了舟虞，任何人不得在泽中捕鱼，不然就有害于生物的繁育。《国语·鲁语》记载了一个很有意义的故事：一次鲁宣公在水边捕鱼，里革见到后，认为大王自己违背了保护生物、以时禁发的"古之训也"，便把大王的渔网撕破，并且对宣公讲了一番保护生物资源的知识。鲁宣公终于承认了自己违禁捕鱼的错误。春秋战国时，齐国成为"海王之国"，大力开发鱼盐之利，特别强调海洋生物资源的保护。《管子·八观》："江海虽广，池泽虽博，鱼鳖虽多，网罟必有正，船网不可一财而成也。非私草木爱鱼鳖也，恶废民于生谷也。"这里强调，江海虽广，但生物资源毕竟有限，所以必须进行保护，渔网网眼大小应有限制，这样做是为了合理地开发海洋生物资源，达到持续高产的目的。先秦关于要限制渔网网眼大小的问题，不仅《管子》提出，在《国语》《孟子》中均提出过，可见这是当时不少政治家强调保护水产资源的基本思想和政策。

　　对资源保护的思想和政策，后世也有所继承，汉代成书的《周礼》记载了周代这方面的内容，就是证明。然而，自秦汉开始，发展却曲折而缓慢。

2. 渔官组织

为了做好渔政工作，古代很早就设立渔官制度。《周礼·天官·鳖人》记载周代职官中有"鳖人"，即"渔人"。此官专掌捕鱼、供鱼、征收渔税及有关渔业政令。《周礼·天官·鳖人》释鳖人为"掌以时鳖为梁"。疏："一岁三时取鱼，皆为梁，以时取之，故云时渔为梁。"渔官在《国语·鲁语上》中称"水虞"，在《礼记·月令·季夏之月》中称"渔师"，在《唐六典·河渠署》中则称"鱼师"，此书记载："长上鱼师十人，短番鱼师一百二十人，明资鱼师一百二十人。"

3. 土贡和渔税

在夏代，沿海地区要向中原王朝贡献海产品。《路史·后记》记载：禹定各地的贡品，"东海鱼须鱼目，南海鱼革玑珠大贝"，"北海鱼石鱼剑"。[1]《禹贡》也有沿海地区贡品的记载，如青州有"厥贡盐绨。海物唯错"，徐州有"淮夷蚌珠暨鱼"，扬州有"厥篚织贝"。商代也有类似的土贡，《逸周书》记载：当时各地要"因其地势所有，献之必易，得而不贵，其为四方献令"。商初政治家伊尹根据汤的意图制定了各地的朝贡命令，其中东部沿海地区的贡物有鱼皮、鲵鳅酱，南海有珠玑、玳瑁等。周代则有"鳖征"。

汉代有"海租"。《汉书·食货志》称：耿寿昌奏请"增海租三倍，天子皆从其计。御史大夫萧望之奏言，故御史属徐宫，家在东莱，言往年加海租鱼不出。长老皆言，武帝时县官尝自渔，海鱼不出，后复予民鱼乃出"。这一段记载说明汉代渔税曾多次变化，有时税赋很重，甚至海洋渔业官营，渔民不堪重税盘剥而使渔业凋零，"鱼不出"。

唐代以后，海洋渔税大体为两种形式：一是土贡，由沿海各地进贡到京城，计有鲨鱼皮、海龟壳、珍珠、鲜干鱼、贝类等，二是直接按渔户、蟹户或按船只网具征收税课。宋代情况与唐代相似。

---

① 《路史·后记》，《中国海洋渔业简史》第52页引。

元代渔税加重，明代渔税更重，而且有专职征收机关和严格渔业户籍制度。《明会典》记载：洪武十八年（1385），令各处渔课皆收金、银、钱、钞。景泰六年（1455），令湖广等地委官取勘渔户，凡新造船有力之家，量船大小定课米，编入册内，以补绝业户课额。由于税课繁重及其他原因，渔民不断逃亡，影响渔业税收。清代小型捕鱼船只免收税课，但沿海各地鱼课仍然不少。

二、盐业政策

海盐是中国重要的海洋资源，海盐生产是重要的海洋经济活动，所以对海盐的生产和流动历代政治家均制定有严格的政策。

1. 盐官和盐法

盐法即由官府制定的管理食盐产销以及征税的规章、制度、法令。盐法的历史至迟可追溯到西周专管盐业的职官——盐人。《周礼·天官·盐人》称："盐人，掌盐之令，以共百事之盐。"春秋战国时在海洋事业发达的"海王之国"，已出现征收盐税的法令。如《管子·海王》称："海王之国，谨正盐筴。"经过汉高祖、惠帝的"无为而治天下"，文帝、景帝的"文景之治"，西汉国力日趋强盛，工商业发展迅猛。为了抑制工商业的蓬勃发展、维护封建农业的地位，同时为了进一步增加国家财政收入以为国家对北方匈奴进行大规模军事征伐奠定雄厚经济基础，汉武帝决定采纳桑弘羊（前152—前80）的建议，施行"盐铁官营"政策。这一政策确实在短期内为汉帝国积攒颇多的财政收入，为抗击匈奴的成功奠定了雄厚经济基础，且大大强化了封建专制主义中央集权，是功不可没的。但从长远看，这一政策严重阻碍了商业，从而不利于社会发展。汉武帝的食盐官营，一是经济上增加了国家财政收入，二是政治上贯彻了"重农抑商"的统治方针，对于稳定汉王朝的统治是必要的。但是在统治集团内部意见并不一致。桓宽在《盐铁论》中记录了当时有关盐铁官营政策的争辩内容。

东汉时废除官营，仍设官征税，直到唐乾元元年（758），一直沿用这一制度。

唐乾元元年政府改用"榷盐法"，在产盐区实行官营官销的专卖制度。《新唐书·食货志四》：此法"尽榷天下盐，斗加时价百钱而出之，为钱一百一十"。宝应年间，进一步改变盐法，在产盐区设置监院，督促盐户自行生产，将盐税加在盐价中售给商人，听凭商人运销，以增加财政收入。韩愈（768—824）在《论变盐法事宜状》："国家榷盐，粜与商人，商人纳榷，粜与百姓，则是天下百姓无贫贱富贵，皆已输钱于官矣。"①

从五代至宋，在部分地区实行配售制度。宋代先后实行"折中法""盐钞法"和"引法"。折中法是允许商人缴纳钱帛、粮草，换取定额的茶、盐，在指定地区销售。这是因为宋初，由于货币缺乏，沿边军用浩繁，故准许商人在京师缴纳金银丝帛，发给"交引"，凭此到盐场取盐运销。北宋雍熙二年（985），则命商人将粮草运到沿边地区，按照路程远近，分别发给"交引"，商人凭此可以到江淮等地领盐。端拱二年（989），在京师设"折中仓"，商人将米、豆等交仓，就可到江淮等地领盐。后因商人操纵盐价，掠取暴利，折中法遭到破坏。庆历八年（1048）实行"盐钞法"，是商人凭盐钞运销盐的制度。北宋至明末，又实行"引法"，官府准许商人缴款领引，凭引运销茶、盐的制度。

明代先实行"开中法"，即准许商人向沿边缴纳粮草，凭引领盐，运销到指定的地区。《明史·食货志四》：洪武三年（1370）"召商输粮而与之盐，谓之开中。其后各行省边境多召商中盐，以为军储。盐法、边计相辅而行"。后实行"引法"，在万历四十五年（1617）又改行"纲法"，清代继续实行此法。这是准许商人垄断食盐收购运销的制度，就是按照商人所领盐引编成纲册，每年以一纲凭积存旧引支盐运销，以九纲用新引由商人直接向盐户收购运销。这样经九年就可把旧引收尽。纲册允许商人较

① 《论变盐法事宜状》，《昌黎先生集》卷四十。

长期据为"窝本"（专利的凭证），每年照册分派新引。商人获得这种垄断特权，还被允许作为世业，有的商人便和官府勾结起来，操纵盐价，掠取暴利。

2. 官盐和私盐

各个朝代官营产销的食盐称为官盐。盐户、盐商自行产销，以及官员挟带的食盐称为私盐。汉武帝元狩四年（前119）采纳桑弘羊建议，由官府垄断食盐的产制运销，颁布私煮禁令。但民间仍有私制私贩，难以禁绝，因此社会上就有官盐、私盐之分。唐宝应元年（762），置巡院十三所，查捕私盐。此后历代为了维护盐法，维护官府的财政收入和通商之利，制定了种种法则条令，严禁私盐。但在执法混乱、陋规纷繁、重税盘剥之下，私盐不但从未绝迹，而且越禁越多。顾炎武（1613—1682）在《日知录·行盐》中说："行盐地分有远近不同。远于官而近于私，则兴贩之徒必兴，于是乎盗贼多而刑狱滋矣。"清初李雯《蓼斋集·盐策》："夫盐之利一也，与其权于官，不如通于商"，他主张全部由商人经营，并进而指出："盖天下皆私盐，则天下皆官盐也"。

3. 渔业用盐政策

用盐腌制是鱼类、水产防腐保存的基本方法，但此法用盐量很大，一般要有渔获物重量20%的盐，才能达到长久保存的目的。所以盐价的高低，也直接影响着海洋渔业的发展。中国古代有着专门的渔业用盐政策。

盐价历来很高，清代中期以前，对于渔业用盐听凭渔民"自由买卖"，渔民无力购买，无法腌鱼，所以海产只能在沿海地区就近销售，价格很低，甚至大批烂掉。清代末年，沿海一些地方的渔业用盐一律向官府购买，由盐政部门发票征税，但购盐数量有限定。

三、采珠政策

珍珠是重要的海洋宝物，西汉已有大规模的开采。历代采珠量都很大，所以颁发了不少政策和法令。晋时陶璜已经建议对采珠实行征税的政策。《晋书·陶璜传》称：三国"吴时珠禁甚严，虑百姓私散好珠，禁绝来去，人以饥困。又所调猥多，限每不充。今请上珠三分输二，次者输一，粗者蠲除。自十月讫二月，非采上珠之时，听商旅往来如旧"。这一建议得到晋帝的同意。隋唐时代广东采珠起色不大，因而朝廷采取了"与民共利"鼓励百姓采珠的政策。五代十国时，南汉王朝极为奢侈，曾"置兵八千人专以采珠"。972年宋太祖平定岭南后，实行珠禁政策，解散了采珠士兵，也不准珠民采珠。宋徽宗时解除珠禁，采珠业方始恢复。至元代对珠民采珠实行鼓励政策，在广州、廉州设立专管采珠的行政机构——采珠提举司。而明代皇帝又亲定禁令，珠民私自采珠要受重罚。据《古今事物考》卷三："弘治七年，差太监一员，看守广东廉州府杨梅、青莺、平江三处珠池，兼巡捕廉、琼二府，并带官永安珠池。"弘治十四年（1501）正式公布了盗珠定罪的法令。《明会典》规定：凡是携带器械下海采珠者，一律定死罪；采珠时持杖拒捕、集聚二十人以联合采珠，采珠十两以上者，发配云南、广西充军。职官有犯，也要定罪。自成化二十年（1484）以后，皇帝反复派太监看守广东珠池，不准珠民和地方政府采捞。由于太监横行无度，曾多次激起民变。当时宋应星强调，采珠不能过度，应保护珠源。他在《天工开物·珍宝》中指出："凡珠生止有此数，采取太频，则其生不继。经数十年不采，则蚌乃安其身，繁其子孙而广孕宝质。"当时也还有其他人专门上书，劝明廷节制采珠，但根本不起作用。

第二节　远航的非商业性

中国几千年来实行"重农抑商"国策，古代远航基本是非商业性的，例如：徐福航海、鉴真东渡、法显求佛、元世祖忽必烈（1215—1294）征讨日本、郑和七下西洋、明代册封琉球等均是非商业性的。

至于民间远航虽在明清东南沿海商业活动活跃，但中国政府是不让老百姓出海经商的，所以基本是走私活动。广阔的超出国家界限的商品流通，是自然经济过渡为商品经济必要的条件。在这个问题上，中西方国家有着完全不同的态度和政策。为了发展海外贸易，扩大商品再生产，积累资本，英、荷、法等西方国家纷纷支持和鼓励本国商人组织成立东印度贸易公司，瑞典、丹麦、苏格兰、普鲁士也各自鼓励其商人发展海外贸易，成立自己的东印度贸易公司，并给予各种特权。他们常以炮舰政策干涉侵犯他国内政，为其经济侵入开路。可是，中国明代封建地主恰恰和西方国家相反，实行海禁，"寸板不许下海，寸货不许入番"。这种态度和政策，扼杀了国内资本主义的幼芽。明代后期封建朝廷虽然弛海禁、发给商舶文引，但与西方国家对贸易公司的特许证书相比较，也是截然不同的两种政策。西方国家的东印度公司有时也要给皇家金库缴纳税款，但是，如果他们在贸易上碰到困难，可以得到皇家的补助，为了竞争，有时还可以得到国家关税政策的保护。而明廷所关注的只是尽可能征抽名目繁多的税饷，不顾本国舶商的死活，根本谈不上什么补助与保护。更有甚者，"封建伦理把出洋贸易的商人和水手视为弃民，因为他们不能守在家里尽孝。官府对发生在吕宋、爪哇的屠杀华侨事件置若罔闻，一再勒令海外侨民返回。一般社会心理总是把下海谋生视为人生的悲惨事件，好像已经为亲族邻里所摒弃。"①至于那许多不应被视为盗寇的人及其后裔，则更悲惨。他们离乡背井，异地飘零，不是无家可归，就是有家难归。好在中国人民向来与东南亚各国人民友好，经常贸易往来，长时间和平共处，互相帮助，他们才有个落脚谋生之地。

---

① 张少均，《试论中国古代海洋文化》，《中国海洋报》1992 年 8 月 12 日。

第三节　市舶政策和朝贡贸易

　　尽管中国推行重农抑商国策，不支持商业活动。但国外商人不远千里万里，冒着船毁人亡的危险来到中国贸易，这本身象征"普天之下莫非王土"的天朝大国的富裕和威严，令统治者有着美好的感觉，所以对港口贸易是支持的。中外港口贸易始于秦代，汉代时有了更大发展，但总的说来，在唐代以前，朝廷尚未看清海关收入的可贵，故港口国际贸易规模不大，未设立海关——市舶司。港口国际贸易的管理没有专门机构，均由当地的行政机构兼管。

　　唐代，港口贸易空前繁荣起来，而且以海上为盛。阿拉伯、波斯、日本、朝鲜、印度、南洋诸国的商船云集广州、扬州等地进行贸易。为此唐朝开始设立专门的管理机构"市舶司"，亦称"押蕃舶使"，负责征税、检验商品，对朝廷需要的珠宝、犀象、香料等实行专买专卖等国际贸易的管理。

　　唐代设立市舶司后，把市舶利益从地方官手中夺过来。为了增加实际收入，选派得力清廉的官员到广州主持行政。《送郑尚书序》："若岭南帅得其人……外国之货日至，珠、香、象、犀、玳瑁、奇物溢于中国，不可胜数。故选帅常重于他镇。"[1]同时选派太监去充任市舶官员，具体管理外贸和海关税收，且赋予地方官监督市舶司工作之责。唐代税收有："番舶

───────────────

① 《送郑尚书序》，《昌黎先生集》卷二。

之至泊步,有下碇之税";"番商贩到龙脑、沈香、丁香、白豆蔻四色,并抽解一分。"①

当时来华番舶和贸易情况,《唐国史补》卷下明确记载:"南海舶,外国船也。每岁至安南、广州。师子国舶最大,梯而上下数丈,皆积宝货。至则本道奏报,郡邑为之喧阗。有番长为主领,市舶使籍其名物,纳舶脚,禁珍异,番商有以欺诈入牢狱者。"当时广州港国际贸易十分发达。《旧唐书·李勉传》记载,广州港每年进港的外国船舶数量多达"四千余柁",可见盛况空前。当时外商在中国各地进行贸易,都要领取地方官发给的身份证和市舶司发给的所携带银钱及商货数的证明文件。持有上述两种证件的外商,在旅途中丢失货物,官府要负责查找。如外商不幸身亡,官府要负责保管货物,等待交还其继承人。②唐朝采取招徕外商、保护外商的政策,一再打击贪赃枉法、敲诈勒索外商的官员,得到外商的信赖,因此外贸活动更加活跃,市舶的税收也更多。

北宋时,华北、东北大部分土地,先后为契丹及女真族所占,把宋朝政府赶至淮河以南,而南宋更偏安江南,版图还不及北宋的三分之二。土地缩小,税收减少,而军费却不断扩大,财政严重困难,不得不特别重视港口国际贸易。《宋会要辑稿》卷四十四记载:"市舶之利最厚,若措置合宜,所得动以百万计,岂不胜之于民,朕所以留意于此,庶几可以少宽民力尔。"宋代发展市舶,在广州、福建路泉州、两浙路明州、杭州、温州以及苏州、华亭县、江阴军等地,设立了市舶司或市舶务,其市舶使由地方官兼任。

南宋市舶收入在古代是最高的,但在国家总收入中的比例究竟有多大,这在学术界是有分歧的。长期以来普遍观点认为,市舶收入是相当高的,有说占二十分之一(5%),有说占十分之一(10%),有说占五分之

① 《孔戣墓志铭》,《昌黎先生集》卷三十三。

② 参考《苏莱曼东游记》,中华书局,1937年,第33~38页。

一（20%）。但新的看法认为，只在百分之一至二之间摆动，比不上盐利和茶息，更"远逊于'大农之财'"。[1]

为了扩大港口国际贸易，南宋政府采取了一系列措施：其一，保障外商的正当权益，如果市舶官员强行征收不合理的商税和收购货物，允许外商向政府提出控告；其二，设法解决外商的困难，如遇风险漂泊而来的外商，给予救援与帮助，如外商船主遇难，市舶官员必须负责清点并保管其货物，待其亲属前来认领；其三，为外商贸易准备必要的条件，如建立贮存货物的仓库（市舶库）和来往住宿的宾馆，如在明州便建有高丽馆、波斯馆等；其四，讲究迎送礼节，外商来时，市舶官员要亲自前往码头迎接，外商归国时，市舶官员要设宴慰劳送别，叫做"犒设"，并要"支送酒食"，亲自到码头"临水送之"，还要定期举行宴会，《岭外代答》卷三："岁十月，提举（市舶）司大（犒）设番商而遣之。"此外要为之祈求顺风。

元朝是历代开设对外口岸最多的王朝，先后在广州、泉州、杭州、庆元、温州、澉浦和上海等处设立市舶司，同近百个国家和地区有贸易关系。元朝对进口货物征10%到7%的低税，以鼓励外商来华贸易。官府也直接出资经营进出口贸易，由官府自备船只和本钱，选商人出海贸易，所得利息，官取七分，商人取三分。元代还把专门从事海外贸易的舶商、艄工等单独开列户籍，加以保护，这种商户可以免除差役。此外元代只有"抽解"（征税）、"抽买"（市舶司收购的部分）而没有"禁榷"，政策比宋代更为放宽。

明代一度实行海禁，开禁后在宁波、泉州、广州设置市舶司，明代中后期由于倭寇在沿海侵扰，所以又有海禁。值得强调的是明洪武、永乐年间，朝廷竟不顾巨额关税损失，改变唐、宋、元的市舶制度，实行"朝贡

---

① 郭正忠，《南宋海外贸易收入及其在财政岁赋中的比率》，《中华文史论丛》1982年第1辑。

贸易制度"。外国商船只要向明廷朝贡，就能恩准上岸贸易。《明史·食货志》："海外诸国入贡，许附载方物与中国贸易，因设市舶司置提举官以领之。"《续文献通考》卷二十六："贡舶与市舶一事也……是有贡舶，即有互市，非入贡即不许其互市矣。"这种贸易不抽关税。《续文献通考》卷二十六："洪武四年，谕福建行省，占城海舶货物皆免征，以示怀柔之意。是年九月，户部言：高丽、三佛齐入贡……并请征其税，诏勿征。"又"永乐元年十月西洋琐里国王遣使来贡，附载胡椒与民互市，有司请征税。命勿征。又剌泥国、回回哈只马、哈没剌泥等来贡，因附载胡椒与民互市，有司请征其税，帝亦不听"。明廷对于"贡品"不仅不征税，往往还要付给比市价高得多的钱。《明史·外国传》："礼官言，宣德间所贡硫璜、苏木、刀、扇、漆器之属，估时直给钱钞，或支折布帛，为数无多，然已获大利。"这种损已利人的政策，最后导致不得不对各国朝贡次数大加限制。《大明会典·朝贡录》记载：明廷规定琉球二年一贡，安南、占城、高丽三年一贡，日本七年一贡，其他各国大多为三年一贡。

清初为了巩固统治，也实行海禁，直到康熙二十三年（1684）才废止。次年宣布广州、漳州、宁波、云台山（连云港）四处为对外贸易口岸，分别设置粤、闽、浙、江海关。从此长达千年的以市舶为名的制度结束，开始设置正规海关的历史。与此同时，朝廷对外贸易的限制也有所放松，商船经批准可以出海，外来船只也逐渐增多。但总的来说，清朝实行的是限制性的对外贸易，外贸要经过严格的审批，许多商品如铁器、米粮、书籍等被严禁出口。乾隆二十二年（1757）清政府取消了闽、浙、江三处海关，限定广州为单一对外口岸，并逐渐实行封建性的垄断贸易，由广州十三行为代表的行商操纵、垄断国际贸易，这种局面一直维持到鸦片战争爆发前夕。

十三行亦称"洋行""洋货行"等，是清乾隆年间，经官府特许，在广州成立的经营对外贸易的商行。十三行负有承保和缴纳外洋货税款、规礼，传达官府有关法令，及管理外商等义务，并有对外贸易的特权。但十三行倚仗官僚势力，垄断进出口贸易，久之又与外商勾结，狼狈为奸。鸦片就是在这一外贸制度下逐年偷运进入中国的，日久弊积，几乎无法禁止。

　　当时，中国对各国在华商馆，亦订有规则：（1）外国兵舰不许进口（岸）；（2）馆内不得留有妇女、枪炮；（3）领港人及买办向澳门华官登记，外国商船除非在买办监视下，不得与其他商民交易；（4）外人与中国官吏交涉，必须经由公行，不得直接行动；（5）外人买卖须经行商之手，即留居商馆者，亦不得随意出入；（6）外国商船得直接航行黄埔停泊，以河外为限，不得逾越；（7）行商不准负欠外人债务；（8）通商期过，外人不得居广州，通商期内货物购齐，即须装运，不得逗留。①

　　上面各条规则，有些是合理的，有些过于苛刻，或存在漏洞，但主权操之我手，与鸦片战争之后，主权操在外人之手，有天渊之别。

---

① 参考王洸《中国水运志》，台北中华大典编印会，1966年，第35页。

第四节　海禁

海禁是朝廷在特定情况下对海疆的封锁，它不同于在正常情况下对进出领海所制定的规定措施。广义的海禁，在中国古代常有实施。其目的一是针对处于对抗状态下的异国或其他政权，防止他们进攻；二是针对老百姓及地方势力，阻止他们去海外经商牟利。明代实行海禁就有上述两个目的。14世纪以来，中国沿海常有倭寇为患，进行抢夺杀戮。元末明初开始，倭寇已成为中国沿海大患，朝廷被迫实行海禁政策。在明代嘉靖、隆庆年间，由于东南沿海商品经济发展，沿海地区人民反对海禁，迫切要求去海外贸易，与日本及东南亚各国进行商品交流。所以"公元十六世纪的明代'海盗'，应当是我国原始积累过程的历史产物"。①然而，朝廷为阻止商品流通，抑制资本主义萌芽，则继续采取海禁政策。②由此可见，元末明初的海禁与明中叶的海禁，在性质上是有某些变化的。

明初海禁主要在洪武时，这类记载很多。如《明太祖实录》卷七十：洪武四年（1371）"仍禁濒海民不得私出海"；卷一三九：洪武十四年（1381）"禁濒海民私通海外诸国"。海禁不仅禁老百姓，也禁地方官出

---

① 李询，《公元十六世纪的中国海盗》，《明清史国际学术讨论会论文集》，天津人民出版社，1982年。

② 戴裔煊，《明代嘉隆间的倭寇海盗与中国资本主义的萌芽》，中国社会科学出版社，1982年，第1页。

海牟利。《明太祖实录》卷七十："近闻福建兴化卫指挥李兴、李春私遣人出海行贾，则滨海军卫岂无知彼所为者乎？苟不禁戒，则人皆惑利而陷于刑宪矣。尔其遣人谕之，有犯者论如律。"

有关明代海禁政策条例虽有许多记载，但均较零散。《明会典》卷一六七《刑部·律例·私出外境及违禁》有系统的明文记载："凡将马牛、军需、铁货、铜钱、缎匹、紬绸、丝绵私出外境货卖及下海者，杖一百；挑担驮载之人，减一等。货物船车并入官。于内以十分为率，三分付告人充赏。若将人口、军器出境及下海者绞，因而走泄事情者斩。其拘该官司及守把之人，通同夹带或知而故纵者，与犯人同罪。失觉察者，减三等，罪止杖一百。军兵又减二等。"

海禁政策有海防意义，但也打击了中国沿海地区的商品流通和资本主义萌芽，助长了海上走私活动。在明嘉靖、隆庆年间，海上走私活动往往以武装走私的中国商人为主，还包括日本海盗和西方海盗。当时中国有不少政治家提议解除海禁，认为这不仅可促进中外商品流通，而且可以解除倭寇之乱，是一举两得之事。隆庆、万历年间，明廷被迫开放东西洋海禁，发给商舶文引，准许在东西两洋贩卖，征收税饷，实行对商舶搜刮榨取。如请领文引要引税，东西洋每引税银三两，鸡笼淡水税银一两，后来增加东西洋税银六两，鸡笼淡水税银二两。征税的项目有"水饷""陆饷""加增饷"等。监督收税的则是皇帝的近侍，亦即所谓中贵人。实质上是供皇帝及权贵挥霍无度，并不是用于发展国家经济，所以"禁海固然妨碍超出国家界限商品的流通，弛禁实际上是寓禁于征，对积累资本、扩大商品再生产不但没有帮助，甚至还有更坏的影响"[1]。

---

① 戴裔煊，《明代嘉隆间的倭寇海盗与中国资本主义的萌芽》，中国社会科学出版社，1982年，第80页。

第五节　活跃的民间贸易

中国东南沿海多山而少土，无法从事农耕为主的生计，只能以海为途从事海洋贸易，作为维持生活的重要手段，有着海洋商业文化的传统。

至宋代，社会经济重心南移，东南沿海成为富庶地区。随着宋元经济的发展，对海洋贸易的重视，民间海洋贸易也迅速发展起来。尽管民间海洋贸易一直受到重农抑商政策的打击以及官商的排挤，但民间海洋商人因熟悉海洋，清楚东西洋航线的山形水势以及与番商有广泛的利益结合，因此在宋元时期迅速发展起来。

《古代亚洲的海洋贸易与闽南商人》一文[1]已指出，闽南商人在海洋贸易上有着杰出成就，这个族群拥有悠久的航海历史传统。早在 10 世纪初，这批生活在中国东南沿海偏远地区且与外界隔绝的居民，就已经把自己的目光投向了大洋彼岸的异国他乡。根据古代典籍的零星记载，闽南商人在海外积极经商，其足迹遍布北起高丽，南至苏门答腊岛的东西洋各商埠。随着海上贸易的发展，闽南商贾开始旅居国外，其中有些人甚至长期在海外侨居。闽南商贾的适应力极强，能很快地适应海外不同的生存环境。不过，他们仍然经常依靠各种制度化安排的机制来保护或促进其商业利益的发展。闽南商人总是极有创意地建立起各种不同的商业机制，并建

---

[1]　钱江、亚军、路熙佳，《古代亚洲的海洋贸易与闽南商人》，《海交史研究》2011年第 2 期"摘要"。

构起不同的族群关系网络。除了在日常的商业活动中建立、扩展并涵盖不同方面和层次的关系网络，闽南商人还形成了与中国其他商人群体不同的文化习俗特色。作为近代亚洲早期最具企业开拓精神的商贸群体，闽南商贾在古代亚洲航海贸易史上的表现可圈可点。

经过了宋元两个朝代，中国东南沿海已经经历了方兴未艾的海洋贸易时代，一个围绕着中国渤海、黄海、东海和南海的商贸圈已经形成，而通向印度、非洲的远洋航线也已经形成，中国人生产的丝绸、茶叶、瓷器等是当时最受欢迎的商品。东南沿海的居民已经成了依靠海洋贸易为生的一群人。

海商与海盗为了从事海外贸易，开发海岛，在江、浙、闽、粤沿海及岛屿开辟与营建一些基地和港口，如福建路泉州港外围港澳围头是海盗亦商活动而兴起的民间自由贸易港市，江苏苏州太仓是海盗开辟与营建的最大商业港市，浙江宁波双屿则是明嘉靖年间海盗与海商开辟的一个典型的民间海外自由贸易港口等，这些基地与港口很快成为新兴港市，呈现中外商船辐辏、商贾云集的繁荣景象。在宋代开拓的海上交通线基础上，元初，海盗朱清、张瑄致力海外交通贸易，他们的巨舶商舡"通诸蛮"，开拓太仓同日本、高丽和南洋安南、爪哇等国和地区之间的海外交通航线。到明朝末年，形成了两条海上交通大干线：一条从山东、江、浙、闽、粤沿海港口通往日本和朝鲜等国；一条从江、浙、闽、粤通往交趾、占城、柬埔寨、暹罗、彭亨、爪哇、旧港、马六甲等国家和地区。他们在开辟与拓展海外航线的实践中，积累了丰富的航海经验和知识，了解和熟悉了海洋情况，经过海商、海盗与航海者长期共同努力开辟海内外交通航线，形成了四通八达的海上交通网，这对促进南北地区与沿海各地之间的经济联系，起到了积极作用，也推动了我国同世界各国通航和进行国际经济文化的交流。①

---

① 郑长青，《填补我国史学研究空白的专著——浅评〈中国海盗史〉》，http://www.greenguest:.com。

在明初的高压下，与番通商、贸易发财的冲动被压抑了，那些迎风远航的中国帆船不见了。但是贸易、赚钱、利润一经发现，就无法阻挡，人们甘愿铤而走险。何况越是禁止，中国货就越缺，价格就越高，走私的诱惑就越大。当时行销日本的一些商品的利润高达 10 倍以上。

郑开广的《中国海盗史》一书以大量史实为基础进行研究，揭示了 500 年前，宁波的双屿岛一度成为世界贸易中心的传奇及其中国近代历史上一段鲜为人知的对外开放的悲剧。500 年前，明王朝实行最严厉的海禁政策，王直的海盗武装走私集团经营的宁波双屿岛（今舟山六横岛）却是全球性的贸易中心，被中日历史学家称为 "16 世纪的上海"。全球商品、财富在这里交换、中转、集散。来自日本、西班牙等地的白银源源不断运到这里，换取中国的丝绸、瓷器和茶叶。葡萄牙在上面建立教堂、医院、市政厅等，岛上居民多达数千人，葡萄牙人就有 1200 人。台州蛇蟠岛曾是双屿岛的分埠。1548 年浙江巡抚朱纨率大军捣毁了双屿岛。从事海上贸易的葡萄牙人，经蛇蟠岛向南转移到福建的浯屿港、月港，继续与王直集团合作。漳州附近成了新的贸易中心。此后，明朝闭关锁国的海禁政策，又将葡萄牙人赶到了广东珠江口。

双屿岛的传奇生动地反映出中国民间海洋贸易的巨大能量。它的大起大落成为中国近代史上的极大遗憾。为此，有历史学家评述："500 年前的中国，曾经是当之无愧的世界贸易中心……康熙皇帝收复台湾后，曾经开放海禁，晚年再次禁海。而同时代的俄罗斯彼得大帝，则励精图治，疯狂地推动海外贸易和工商业。此时，距英国用枪炮打开中国的大门，只有一百多年了。中国在全球化中掌握自己的命运、拥有强势地位的机遇，始于宁波双屿岛，终于康熙晚年的禁海。面对 500 年来的沧桑，我们不得不承认：曾经，中国人有机会把全球化的主动权和船舵都掌握在自己的手里，我们曾离成为世界财富中心如此之近。"①

　　其实，双屿岛传奇只能反映海洋文化的确有天然开放性和商业化倾向。这在天高皇帝远的某些东南沿海，特别海岛地区，在特定时期，海洋商业文化可以迅猛发展。但这些商业活动只能以走私、武装走私乃至海盗走私形式存在。这只能说明在重农抑商为国策的中国古代社会里，海洋商业活动是不能成为主流的，是无持续性的，是无法取代海洋文化农业性的主流地位的。"双屿岛传奇"主要还不是海洋商业文化的迅速崛起，而是这种崛起是昙花一现的。

---

① 葛其荣，《冲不破的海禁——中国历史上一段鲜为人知的对外开放悲剧》，http://blog.sina.com.cn/s/blog_4ab31f71010007n0.html。

第六节　走私与海盗

中国海盗的兴起、发展与衰落是有其时代背景与社会根源的。其社会根源是"官府横征暴敛，迫民出海为盗"。从夏商周至春秋战国奴隶社会向封建社会过渡的历史时期，海盗的主要成员是没有人身自由和权利的奴隶、农人，及东夷、南蛮族人，他们逃亡海上是求生存与反抗奴隶主贵族的活动。历史进入封建社会时期，海盗成员的构成成分发生了变化。秦汉至隋唐五代时期，海盗成员来自遭受封建统治阶级残酷压迫和剥削的沿海农民、盐丁以及部分叛兵。至宋代，东南地区社会经济发展、工商业繁荣，海商兴起，其中有些海商成为海盗新成员。降及明清时期，随着商品经济发展，海禁政策实施，出海参加海盗活动的人数大增，海盗人员成分更加复杂。这时期海盗的主要成员是东南沿海地区破产农民、流民、渔民、沙民、疍民、手工业者、小商贩、船户、海商以及奴仆、"亡命"、"无赖"、"凶徒"、罢吏、僧道和失意儒士。海盗成员虽然来自各个阶层的诸色人，但其中的绝大多数是因为东南沿海地区地瘠民贫、田少人众，民资海为生，又由于天灾人祸肆虐，官府横征暴敛，经常发生"生存危机"，为谋生活和求生存，从而成群结队出海以当海盗为"职业"。清初东南沿海的海盗与抗清、抗击西方侵略者的斗争相结合，后来遭到清政府的严厉镇压，加之西方殖民主义的军舰横行海上，中国古典式的海盗活动走向衰落。

一、中西海盗文化的差异

中西海盗文化有很大差异。在西方，海盗是主动的进取者，因为拥有更自由的活动范围，他们往往带着英雄般的神秘色彩，被认为是推动社会进步和经济发展的重要力量，从事海盗行业成为一种实现个人价值的伟大理想和壮举。北欧的丹麦、瑞典和挪威等国在历史上曾经有过所谓"海盗时代"，被称为"海盗国家""海盗民族"。他们的活动固然造成了骇人听闻的烧杀、抢劫、征服和殖民，给受害者带来了直接的经济损失和无穷灾难，但另一方面确实也在发展贸易、开发海洋、促进各地社会发展方面，作出了值得肯定的贡献。因此，西方社会常以海盗为荣，视海盗为海洋勇士、英雄。海盗常常得到政府的支持，跻身政府，乃至成为贵族，当上总督。文艺作品中，诸如《海盗船长》《海盗女王》《海上恩仇记》等描写海盗生活的图书和影片，颇为畅销。可见，海盗，在人们心目中并不坏。

在中国海盗给人们留下的印象，从传统思想的主流上看是不好的。中国海盗是被动的反叛者，"道不行，乘桴浮于海；人之患，束带冠于朝"。所谓官逼民反，民不得不反。但富于讽刺意味的是，统治者越是加强海禁政策，海盗的活动越是猖狂。"正史"的《二十六史》中，对海盗的记载虽然不少，但对其评价一般都持否定态度，直以盗、寇、贼、匪等贬义名词称之，政府大都采取坚决镇压、除恶务尽的态度，普通百姓也是避之唯恐不及，以免惹火烧身。学术界、文艺界对他们的评价，似乎也远远没有达到西方世界的水平。中国海盗长久以来生活在社会的边缘，成为历朝政府围剿的对象，特别是到明清时期，海盗与政府之间进行较量愈加直接、残酷。

中国海盗在战乱纷起和海禁政策严格的年代尤为严重。中国海盗有详细记载的要上溯到东晋末年。那时，孙恩和卢循发起的海上大起义从公元398年至411年，历时13年。有近百万人的海盗大军，其势纵横江南，影响东南海洋。唐宋年间中外海上贸易频繁，沿海地区很少发生海盗扰乱民众的事。但到了元明清这几个朝代，海禁政策越是严格，海患越是严重。元末，各地起义不断，浙江台州人方国珍在海上起兵，对元朝的海上粮道产生巨大的威胁，为推翻元朝的统治起到了很大的牵制作用。而在西方海盗兴盛，大多在帝国强盛时期，须对外经商贸易，扩充版图，掠夺财富，以确定本国在海上的地位。

中国海盗大多因受当朝的残酷压迫，由善从恶。因其与普通民众存在相似的命运，所以有些海盗通常受到沿海民众的暗地保护，民与盗互相照顾，互不侵犯打扰，政府发布辑盗令，民则在其间充当通风报信者。中国海盗这种明显的农民起义形式，是中国海盗起义持续时间长、跨度广的一个重要原因。

二、海禁与倭寇

明朝与前面宋元两朝的一个重要区别是对农业的重视和对商业的排斥。中国历来执行重农抑商的国策，到明代，朱元璋更强烈推行重农抑商政策，常用本末二字指称农和商。他常说"一夫不耕，民有受饥者；一女不织，民有受寒者"。这里哪有商的位置。尽管明初中国民间海洋贸易十分发达，但明朝的统治者不仅不能理解下南洋，不能理解中国南海，就是像王直这样的在家门口的贸易他们也必须彻底消灭而后快。

中国东南沿海多山而少土，民众一向有从事海上贸易的传统，作为维持生计的重要手段。其时中国东南沿海已经进入了世界商贸圈，海洋更成为民众生计的根本。既然这些人依靠海洋贸易为生，那么海禁就等于剥夺了他们生存的基础，他们只能铤而走险，违法经营，武装走私。武装走私做不成，那只好上岸以劫掠烧杀为生。于是中国沿海一带商人转为"倭寇"也就很自然了。

在明代，一些明白人早就看出了这一点。曾参与官府追缴"倭寇"

的谭纶说："闽人滨海而居者不知其几也，大抵非为生于海则不得食。海上之国方千里者不知凡几也，无中国绫绵丝缎之物则不可以为国。禁之愈严则其值愈厚，而趋之者愈众。私通不得则攘夺随之。昔人谓弊源如鼠穴也，须留一个，若要都塞了，好处俱穿破，意正在此。今非惟外夷，即本处鱼虾之利与广东贩米之商、漳州白糖诸货皆一切禁罢，则有无何所于通，衣食何所从出？如之何不相率而勾引为盗也。"这段话揭示了我国沿海民众由合法贸易到走私商人再到武装反叛的过程。

明万历福建长乐人谢杰所著《虔台倭纂》对"倭寇"起源的记载如下："倭夷之蠢蠢者，自昔鄙之曰奴，其为中国患，皆潮人、漳人、宁绍人主之也。其人众其地不足以供，势不能不食其力于外，漳潮以番舶为利，宁绍及浙沿海以市商灶户为利，初皆不为盗。"《虔台倭纂》载："寇与商同是人，市通则寇转为商，市禁则商转为寇……禁愈严而寇愈盛。"于是我们看到这样的现象：海禁松弛或开放海禁，则倭患息，海禁严则倭患起。明代嘉靖年间的这场倭患，实质是中国民间海商集团的武装走私贸易与明王朝海禁政策的一场持久的大规模的冲突。这期间固然有真的倭寇和流民盗贼参与，但性质并不因此改变。凡此种种均说明了所谓"倭寇"其实均为东南沿海的中国人领导，而且"初皆不为盗"。正是官府断绝了他们的生路才导致了倭寇的风行海上。

三、王直与胡宗宪

倭乱，规模之大不亚于任何一次农民起义，但是如此规模的动乱却是无声的，只能听到官方的声音，另一方是沉默的。幸亏王直披露了一下他们的心声，否则他们将带着一个"倭寇"恶名永沉地狱。[1]更幸亏《中国海盗史》全面揭示了王直等海盗史的真相，才将这段历史谜案澄清。

---

[1] 单之蔷，《倭寇非倭，首领都是中国人》，《一个明朝海盗的心愿》（节选），《国家地理杂志》2009 年第 4 期。

海禁与倭寇事件中，关键性人物要算"倭寇"领袖王直和抗倭名将胡宗宪。

王直，明嘉靖年徽州歙县人。他早年是徽商，南下广东，抵日本、暹罗、西洋等国。对外贸易使王直的财富迅速积累。王直承袭徽商传统风范，在日本发扬光大。日本史称王直为"大明国的儒生"。王直学习日本语言文字，研究日本的商品市场，以信义取利，被日本商界视为典范。在今天的日本，还以画册、书籍、卡通和游戏软件等多种形式叙述王直的故事，在平户，有王直的住宅旧址供人观瞻。

明朝嘉靖年"片板不准下海"的海禁政策，将民间海洋商贸逼上绝路，中国沿海各地爆发大规模的武装走私活动，王直在宁波双屿港为许栋集团掌管船队。浙江巡抚朱纨发兵攻剿，许栋兄弟逃亡，王直收其余众，发展成为江浙海商武装集团的首领。1550年，王直以靖海、剿匪有功，叩关献捷，请求松动海禁，通番互市，反遭朝廷偷袭和围攻。王直突围后逃亡日本，积蓄力量，两年后重返浙洋，在沿海商民支持下，攻城略地，威震江浙。

嘉靖三十四年（1555），明王朝在与王直武装集团的交战中屡遭失败，被迫改变策略，决定招抚王直。新任浙直总督的胡宗宪受命谋划。胡宗宪释放在狱的王直的老母妻儿，给予丰厚的待遇，同时派使团前往日本宣谕并招抚王直。王直经过慎重考虑，决定归顺朝廷，但强烈要求明朝廷解除海禁，开市通商。经多轮谈判，王直遂于1557年9月下旬由日本回国，往钱塘总督府接受招抚。胡宗宪以礼留居王直，随后上疏对王直赦免。但此时朝中一些重臣已对胡宗宪进行激烈的弹劾，言其受王直贿赂而徇私。胡宗宪被迫交出王直。王直被捕入狱，1559年12月被斩于杭州官巷口。徐光启为王直鸣不平，说"招之使来，量与一职，使之尽除海寇以自效"。清人朱克敬在《边事汇钞》中评说"斩汪（王）直而海寇长，推诚与怀诈相去远矣"。

胡宗宪（约 1512—1565），徽州绩溪人，嘉靖年官至兵部尚书、七省总督，主编集定了《筹海图编》，记述明代中日关系，分省御倭，用兵、城守、剿抚、互市和沿海布防形势等，并附详图。此书点燃了当时中国建立海上强国的希望。"胡宗宪认为朝廷利用王直，并让海外贸易合法化，既可使海盗不剿自平，还将开辟出海上丝绸之路。从今天的眼光看，此举乃依托明朝帝国强大的生产力，通过对外开放取得国力持续发展并继续称雄于世界的强国良策。但此远见卓识不被愚顽的明王朝所取。胡宗宪成功招抚了王直，并上疏请求赦免，却又在谗言诬陷中被迫交出王直受死，最终形成东南海疆祸患加剧的格局。"①

① 葛其荣，《冲不破的海禁——中国历史上一段鲜为人知的对外开放悲剧》，http://blog.sina.com.cn/s/blog_4ab31f71010007n0.html。

参考文献

1. 侯仁之 . 中国古代地理学简史 [M]. 北京：科学出版社，1962.

2. 中国古潮汐史料整理研究组 . 中国古代潮汐论著选译 [M]. 北京：科学出版社，1980.

3. 戴裔煊 . 明代嘉隆间的倭寇海盗与中国资本主义的萌芽 [M]. 北京：中国社会科学出版社，1982.

4. 李约瑟 . 中国科学传统的贫困与成就 [J]. 科学与哲学，1982（1）.

5. 宋正海，陈传康 . 郑和航海为什么没有导致中国人去完成"地理大发现"？[J]. 自然辩证法通讯，1983（1）.

6. 保罗·佩迪什 . 古代希腊人的地理学 [M]. 北京：商务印书馆，1983.

7. 中国科学院自然科学史所 . 中国古代地理学史 [M]. 北京：科学出版社，1984.

8. 陆人骥 . 中国历代灾害性海潮史料 [M]. 北京：海洋出版社，1984.

9. 宇田道隆 . 海洋科学史 [M]. 北京：海洋出版社，1984.

10. 宋正海 . 中国古代传统地球观是地平大地观 [J]. 自然科学史研究，1986（1）.

11. 王洁，周华斌 . 中国海洋民间故事 [M]. 北京：海洋出版社，1987.

12. 宋正海 . 中国古代有机论自然观的现代科学价值的发现——从莱布尼茨、白晋到李约瑟 [J]. 自然科学史研究，1987（3）.

13. 王大有．龙凤文化源流［M］．北京：北京工艺美术出版社，1988．

14. 宋正海．中国古代有机论自然观与当代天地生综合研究［A］．天地生综合研究［M］．北京：中国科学技术出版社，1989．

15. 高建．中国古代有机论自然观与古代农业文明［A］．天地生综合研究论文集［C］．北京：中国科学技术出版社，1989．

16. 宋正海，郭永芳，陈瑞平．中国古代海洋学史［M］．北京：海洋出版社，1989．

17. 宋正海，郭廷彬，叶龙飞，刘义杰．试论中国古代海洋文化及其农业性［J］．自然科学史研究，1991（4）．

18. 章巽．中国航海科技史［M］．北京：海洋出版社，1991．

19. 宋正海．有机论自然观与海洋学成就［N］．中国海洋报，1991-10-9．

20. 宋正海，陈民熙，张九辰．中西远洋航行的比较研究［J］．科学技术与辩证法，1992（3）．

21. 宋正海．中国古代重大自然灾害和异常年表总集［M］．广州：广东教育出版社，1992．

22. 宋正海．科学历史在这里沉思——郑和航海与近代世界［J］．科学学研究，1995（3）．

23. 宋正海．东方蓝色文化——中国海洋文化传统［M］．广州：广东教育出版社，1995．

24. 宋正海，孙关龙．中国传统文化与现代科学技术论文集［C］．杭州：浙江教育出版社，1999．

25. 宋正海，高建国，孙关龙，张秉伦．中国古代自然灾异群发期［M］．合肥：安徽教育出版社，2002．

26. 宋正海．孟席斯的郑和环球航行新论初评［J］．太原师范学院学报，2002（3）．

27. 徐鸿儒．中国海洋学史［M］．济南：山东教育出版社，2004．

28. 于运全."以海为田"内涵考论［J］.中国社会经济史研究，2004（1）.

29. 李德元.质疑主流：对中国传统海洋文化的反思［J］.河南师范大学学报（社会科学），2005（5）.

30. 陈美东.中国古代天文学思想［M］.北京：中国科学技术出版社，2008.

31. 赵君尧.天问·惊世——中国古代海洋文学［M］.北京：海洋出版社，2009.

32. 宋正海.潮起潮落两千年——灿烂的中国传统潮汐文化［M］.深圳：海天出版社，2012.

33. 宋正海.地平大地观阻碍中国科学近代化［N］.大众日报，2013-10-19.

34. 宋正海.中国传统的月亮—海洋文化观［J］.太原师范学院学报（社会科学），2015（6）.

35. 宋正海.以海为田［M］.深圳：海天出版社，2015.

36. 宋正海.中国古代的浑天、地平、海平、地浮的理论体系［A］.自然国学评论第一号［M］.北京：社会科学文献出版社，2018.